高等学校"十四五"学前教育专业精品教材

U0653215

儿童行为
观察与分析

（第二版）

主　编　刘　强　孙琴干
副主编　李庆霞　杨　静
　　　　曹　静　王永萍

南京大学出版社

图书在版编目(CIP)数据

儿童行为观察与分析/ 刘强，孙琴干主编. —— 2 版
. —— 南京：南京大学出版社，2024.2(2025.1 重印)
ISBN 978 - 7 - 305 - 27533 - 3

Ⅰ．①儿… Ⅱ．①刘… ②孙… Ⅲ．①儿童—行为分
析—高等学校—教材 Ⅳ．①B844.1

中国国家版本馆 CIP 数据核字(2024)第 001626 号

出版发行　南京大学出版社
社　　址　南京市汉口路 22 号　　　　邮　编　210093
书　　名　**儿童行为观察与分析**
　　　　　Ertong Xingwei Guanchan yu Fenxi
主　　编　刘　强　孙琴干
责任编辑　丁　群　　　　　　　　　编辑热线　025 - 83597482

照　　排　南京南琳图文制作有限公司
印　　刷　南京百花彩色印刷广告制作有限责任公司
开　　本　787 mm×1092 mm　1/16　印张 11.75　字数 264 千
版　　次　2024 年 2 月第 2 版　2025 年 1 月第 2 次印刷
ISBN 978 - 7 - 305 - 27533 - 3
定　　价　45.00 元

网址：http://www.njupco.com
官方微博：http://weibo.com/njupco
微信服务号：NJUyuexue
销售咨询热线：(025) 83594756

再版前言

对幼儿的观察能力是幼儿教师必备的核心素养之一，重视提升幼儿教师的观察能力是世界各国幼儿教师教育改革的共同趋势。为了让在校的学前教育专业师范生更好地获取观察与分析儿童的能力，2019年南京大学出版社出版《儿童行为观察与分析》。在使用近五年之后，编者根据教材使用者提供的反馈信息，并依据教育部颁发的《学前教育专业师范生教师职业能力标准（试行）》等文件的基本精神，结合学科近几年的最新研究进展，着重对第一版教材内容做了以下修订和完善：

首先，使用本教材的任课教师一致认为，本教材内容体系结构清晰，理论知识点明确，案例鲜活生动，并配有相应的技能训练，不仅有利于教师的教，也有利于学生的学，同时有利于对学生学习情况开展考核；但他们普遍希望本教材在提供了大量优秀的儿童行为观察文本案例的基础上，能够提供优质的儿童行为观察视频。这次修订，在教材中的每一章末尾增加了通过二维码链接儿童行为观察的视频，视频全面覆盖幼儿的一日生活，包括日常生活中的行为表现、游戏中的行为表现以及教学活动中的行为表现，尽量全方位立体呈现幼儿在日常中的真实行为。

其次，在对儿童行为分析解读部分，本教材大胆尝试利用学前儿童身心发展理论和《3—6岁儿童学习与发展指南》作为理论依据对儿童行为进行分析解读，有助于幼儿教师更科学地理解儿童、支持儿童。结合调查意见，这次修订进一步优化了原有教材的知识体系，譬如，第六章"儿童行为分析的理论框架"，在原有精神分析理论、行为主义理论、格赛尔的成熟势力说、认知发展理论以及维果斯基的社会文化理论的基础上,增加了元认知理论、人本主义理论等。

本教材由盐城师范学院刘强、孙琴干两位老师主编,联合盐城幼儿师范高等专科学校、连云港师范高等专科学校的相关教师组成编写小组共同完成。具体分工如下:

第一章"儿童行为观察概述"由盐城师范学院刘强、孙琴干共同撰写;第二章"儿童行为观察和记录叙事的方法"由盐城幼儿师范高等专科学校李庆霞撰写;第三章"儿童行为观察和记录取样的方法"和第四章"儿童行为观察和记录评定的方法"由连云港师范高等专科学校杨静撰写;第五章"儿童行为观察的具体实施"由盐城幼儿师范高等专科学校曹静撰写;第六章"儿童行为分析的理论框架"由盐城幼儿师范高等专科学校王永萍和盐城师范学院孙琴干共同撰写;第七章"儿童行为分析与指导"由盐城师范学院孙琴干撰写;全书由刘强负责审核与统稿。

本教材注重理论联系实际,每一个章节由"情境导入、理论知识、案例分析、技能训练、知海拾贝、视频观察"几个部分组成,观点明确,案例鲜活,视频典型,可读性强。

本教材在修订、出版过程中,参考、引用了国内外学者的著作以及幼儿园一线教师的观察记录,书中一一做了标注,在此对他们表示衷心感谢;连云港师范高等专科学校胡碧霞教授就本书的撰写框架给予了适当指导,南京大学出版社丁群编辑为本书的再版付出了辛劳,一并感谢!

由于时间紧迫和编写人员专业水平的有限,教材中难免有不足之处,欢迎读者批评指正,以便日后修订完善!

2024 年 1 月

目　录

第一章 儿童行为观察概述

本 章 概 要

在当下的幼儿园实际工作中,观察儿童的能力是幼儿园教师必备的核心专业素养之一。观察儿童既是教师了解儿童、改善教学的前提,也是教师提升专业素养的有效途径。那么,什么是儿童行为观察? 为什么要对儿童行为进行观察? 如何对儿童行为进行观察? 观察前需要做怎样的计划? 在观察的过程中涉及哪些伦理道德问题? 这些都是需要考虑的问题。

第一节 什么是儿童行为观察

情境导入

幼儿教育中所说的"观察"与纯生理器官的"注视"有着本质的区别。当注视某个物体时,投射在视网膜上的影像对每个视觉正常的人来说都是相同的,也就是在感官上看到的都是一样的;而当观察某一个事物时,每个人看到的则是不同的。例如,同一张 X 光片,病人看到的与医生看到的截然不同:病人看到的只是一些阴影和模糊不清的线条,医生可能会发现器官功能的病变。

一、什么是儿童行为观察

想要弄清楚什么是儿童行为观察,首先得弄清楚什么是观察。王坚红教授认为:观察是研究者通过感官或一定仪器设备,有目的、有计划地观察研究对象的心理和行为表现,并对此进行分析的一种方法。陈向明教授认为:观察是人类认识周围世界的一个最基本的方法,也是从事科学研究(包括自然科学、社会科学、人文科学)的一个重要手段。观察不仅是人的感觉器官直接感知事物的过程,而且是人的大脑积极思维的过程。从两位教授对观察的界定可以看出,观察就是人们利用感官获取事实,然后做出价值分析的过程。从这个意义上来说,观察与"评价""研究"的内涵比较接近,都是收集客观事实然后进行价值判断的一个过程,只不过收集客观事实的途径与方法有所区别。

弄清楚了观察是什么,我们还要明确观察的对象——行为是什么。关于行为的解释有很多种,总结起来不外乎两种,即狭义的和广义的解释。对行为狭义的理解,是指个体的一言一行、一举一动,是表现在外的而且能被直接观察、描述、记录或测量的活动。所谓广义的行为,是指不局限于直接观察到的、可见的外在活动,还包括以外在行为线索,间接推断的内在心理活动和心理过程。可见,狭义的行为和广义的行为是紧密联系的,人们只有通过观察外在的看得见的狭义的行为,才能了解人们内在的看不见的广义的行为,狭义的行为只是外在表现行为,它受制于人的内在的情绪、思维、意愿、个性等。

在清楚了观察是什么,行为是什么的基础上,我们再来界定儿童行为观察就比较容易。顾名思义,儿童行为观察就是对儿童表现在外的一言一行、一举一动进行观察、描述、记录,在此基础上,对他们内在的兴趣、需要、学习和发展进行分析和诊断,以便调整教育行为和教育策略。

二、观察的类型

根据不同的标准,可以将观察分为不同的类型。

(一)按照观察者是否直接参与儿童的活动分

根据观察者是否直接参与儿童的活动,观察可以分为参与性观察与非参与性观察。

1. 参与性观察

观察者和儿童一起生活、游戏,在密切的相互接触和直接体验中倾听和观看儿童的言行。此方法在人类学及社会学领域较常用。参与性观察中,观察者既是观察者也是参与者,这样的双重身份既有利又有弊。因为是和儿童直接接触,所以参与性观察便于收集儿童行为的详细信息,特别是当观察者有疑问时,可以通过直接交流,收集更为完整翔实的信息。当然,也正是因为观察者的双重身份,此方法比较费时费力,同时易使观察结果具有主观性。

2. 非参与性观察

与参与性观察不同的是,非参与性观察不要求研究者直接参与儿童的日常活动。观察者通常作为旁观者了解事情的发展。在这种观察方法中,观察者的注意力集中,观察结果比较客观,操作起来省时省力。但是,因为观察者是旁观者,所以很难对观察的现象进行比较深入的了解,不能像参与性观察那样遇到可疑问题时可随时向儿童提问。同时,因为旁观者的存在,儿童可能知道自己在被观察,某种程度上会对儿童的行为产生影响。

(二)按照观察本身的形式分

按照观察本身的形式,观察可分成结构型观察和无结构型观察。

1. 结构型观察

在结构型观察中,研究者事先设计了统一的观察对象和记录标准,所有的观察对象都使用同样的观察方式和记录规格。这种观察的主要目的是获得可以量化的观察数据,对观察到的内容进行统计分析。

2. 无结构型观察

无结构型观察要求观察者可事先设计一个观察提纲,但这个提纲的形式比较开放,内容也比较灵活,可以根据具体的情形进行修改。这种观察比较灵活、开放,但收集的资料难以量化处理。

(三) 按照观察者与观察对象的接触方式分

根据观察者与观察对象的接触方式来分,观察可以分成直接观察和间接观察。

1. 直接观察

直接观察是指对那些正在发生的现象进行观察,研究者身临其境,亲眼看到和听到所发生的事情。直接观察由于是观察者亲自观察,其感受真切、直观、具体,有助于形成对被观察者的整体认识,适合于幼儿园教师使用。但是,正由于直接观察是在现场通过人的感官进行直接观察记录,它的实施受制于儿童活动的现场,当儿童不在活动现场时,直接观察就无法实施。

2. 间接观察

间接观察是指通过物化了的现象进行查看,以此来研究观察对象。间接观察通常包括痕迹观察和累积物测量。

痕迹观察,如通过查看哪些书刊磨损得比较严重来推测这些书刊比较受儿童欢迎。

累积物测量,如通过观察书架上的灰尘分布推测儿童对哪些书籍比较喜好。

与直接观察相比,间接观察对被观察者的正常生活不会产生什么干扰,研究者有足够的时间和空间对观察对象进行考察。但由于间接观察的内容与被观察者的活动不同步,研究者很难对观察的结果进行效度检验。

(四) 按照观察内容的连续性及观察记录的方式分

根据观察内容是否连续完整以及观察记录的方式的不同,观察可以分为叙述观察、取样观察和评定观察。

1. 叙述观察

叙述观察是指详细观察和记录儿童连续、完整的心理活动事件和行为表现的一种观察方法。叙述观察的具体方法有日记描述法、轶事记录法和实况详录法。叙述观察常常可以关注儿童连续、完整的行为表现。

2. 取样观察

取样观察是指依据一定的标准选取被观察对象的某些心理活动和行为表现进行观察,或选择在特定的时间内进行观察记录的一种方法。取样观察有时间取样观察和事件取样观察。取样观察通常可以关注行为发生的频率。

3. 评定观察

评定观察要求研究者在观察的基础上,对行为或事件做出判断。使用评定观察常常是需要对行为进行评定。

（五）按照观察的情景与条件分

根据观察的情景与条件，观察可分为自然观察和实验室观察。

1. 自然观察

自然观察即研究者在自然情景下，对观察对象不加控制和干预的状态下进行观察和记录。我们通常所说的观察就是自然观察，适合于幼儿园教师使用。

2. 实验室观察

实验室观察即在人为控制和干预的条件下进行观察和记录。实验室观察通常适用特定的研究需要。

三、观察对儿童研究的特殊意义

对于学前儿童的心理发展与教育的研究来说，观察法具有特殊的作用，相比于其他方法，观察更适合儿童身心发展的研究。

第一，学前儿童的语言发展还不成熟，许多与语言文字能力有关的测验和调查对于学前儿童并不适用。

第二，一般正式的测试都基于"最高作为"的假定来评价个人的成绩，故所测水平应为被试的"最高作为"。学前儿童一般还不很理解在测量中需要认真做出反应的重要性，他们往往像玩游戏一样，不太顾及外在的要求，而是自由自在地表现自我。

第三，与成人和年龄较大的儿童相比，学前儿童更少受到观察过程的影响，一般在稍微熟识的观察者面前仍能表现出自然行为。

案例分析

区域活动时，超超、成成和雯雯都选择玩拼图，成成和雯雯合作玩蘑菇拼图，超超则独自玩耍。成成和雯雯拼得很快，拼好后，跑来看超超，雯雯问："你拼的是什么？"超超低头没有理会。雯雯接着说："你拼的和我们拼的不一样。"超超仍低头不语。成成便用手动了动拼图，拼图因此挪动了位置。超超马上一脸不高兴，把拼图重重扔在地上，一边踢脚蹬腿，一边高声哭喊道："都是你动坏了，你动的！"①

面对以上观察的客观事实，没有受过专业训练的人，也许很快就会得出这样的结论：超超性格孤僻，脾气暴躁，似乎不是一个好相处的孩子。但是，对于同样的事实，受过专业训练的人并不急于给孩子贴上"不好相处"的标签，而是从幼儿的整体来看，对超超做一个比较全面的分析，从而得到客观而积极的评价。例如，超超有良好的学习品质：专注且自尊、自信、自主——正在努力完成自己的任务。而雯雯和成成的行为，虽然想主动帮助别人，但没有得到允许就动别人的东西是不妥的。

---

① 李季湄，冯晓霞. 3—6 岁儿童学习与发展指南解读［M］. 北京：人民教育出版社，2013.

技能训练

请列举自己在接触学前教育专业前后对儿童行为看法的转变。

知海拾贝

观是看，察是思考

观察是人类认识世界的一个最基本的方法，也是从事科学研究的一个重要的手段。顾名思义，"观"是"看"，"察"是"思考"，两者放到一起便成为"一边看一边想"的一种活动。因此，观察不仅仅是人的感觉器官直接感知事物的过程，而且是人的大脑积极思维的过程。正如爱因斯坦所说："你能不能观察到眼前的现象取决于你运用什么样的理论，理论决定着你到底能观察到什么。"

第二节　为什么要观察儿童行为

情境导入

五岁的雅克里斯是个远近闻名的小画家，他三岁就开始画画，五岁时就画得很好了。

雅克里斯画了很多非常漂亮的景物画，还有一些很抽象的画。评论家对此好评不断，人们纷纷出高价购买。很多人说："这个孩子长大肯定会出名，我们可以靠这些画赚一笔。"

雅克里斯的画最突出的特点是他从来不在整张纸上作画。他只画一半的纸，而另一半总是空的。"这是多么巧妙的构思啊！"评论家说道，"给人留下丰富的想象空间，从来没有人这样画过。"

有一天，一个小女孩跟着爸爸也买了一幅雅克里斯的画。小女孩问雅克里斯："请你告诉我，为什么你总是在纸的下半部分画画，而不是在纸的上半部分画？"雅克里斯回答："因为我个头小，够不着上面。"

《幼儿园教师专业标准（试行）》（以下简称《标准》）中反复强调："掌握观察、谈话、记录等了解幼儿的基本方法和教育心理学的基本原理和方法"；"关注幼儿日常表现，及时发现和赏识每个幼儿的点滴进步，注重激发和保护幼儿的积极性、自信心"；"有效运用观察、谈话、家园联系、作品分析等多种方法，客观地、全面地了解和评价幼儿"。通过观察，教师不仅可以更好地了解幼儿，更能有效地开展教学活动，同时也能够提升自己的专业素养。

一、了解幼儿

（一）了解幼儿的兴趣与需要

无论是学前教育理论研究者，还是一线的幼儿园教师，经常会说："教育应当满足儿童的兴趣和需要"，但如果追问他们："什么是儿童的兴趣与需要？如何获悉儿童的兴趣与需要？怎样满足儿童的兴趣与需要？怎么判断儿童的兴趣与需要有没有得到满足？"若是对儿童缺乏专业的观察，这些问题是很难得到解答的。

案例分析

我在积木区观察了杰里米（4岁3个月）好几天。每天，他都会先看别的孩子玩几分钟，尤其是看用积木搭建复杂结构作品的两个男孩子。然后，他会在对方毫无戒备的情况下走过去，把他们搭建的作品推倒。

在完成上述观察后，教师意识到，儿童欠缺的是加入别人游戏的社会交往技能。所以，教师去问杰里米，他是不是想和别人一起玩。杰里米立即表示肯定。从那一刻起，教师和他一起做游戏，帮助他逐步找到加入他人游戏活动的适宜方法。在他们一起做游戏时，其他男孩子也会加入进来。教师向杰里米示范了和其他儿童一起做游戏的适宜方法。几天过去了，杰里米可以坐在离游戏区很近的地方玩，但不能过多地参与游戏。几周过去了，杰里米可以在没有教师帮助的情况下，和同伴一起进行合作游戏。大约一个月后，杰里米已经能够向其他儿童发出请求，询问自己是否可以加入他们的游戏或者请求成人提供帮助。教师说："如果我没有花时间去观察、了解和记录我所看到的，我会认为杰里米的表现就是行为不良。如果我过早地采取行动，那么对于杰里米来说，结果可能会完全不同。"①

由此可见，教师如果缺乏对幼儿的持续观察与及时的交流，就很难准确识别幼儿的需要，那么对幼儿的回应和支持就有可能是适得其反的。所以，优秀的教师总是能够在观察了解幼儿的真实需要的基础上给予有效的教育。

（二）了解幼儿的能力

观察不仅可以识别幼儿的兴趣与需要，还是了解幼儿能力发展水平的合理途径。众所周知，《3—6岁儿童学习与发展指南》（以下简称《指南》）目标部分分别对3—4岁、4—5岁、5—6岁三个年龄段幼儿应该知道什么、能做什么、大致可以达到什么发展水平提出了合理期望，指明了幼儿学习与发展的具体方向。但正如李季湄教授在给一线幼儿园教师进行培训时一再强调的："不能将《指南》里所列出的典型表现当作

---

① 盖伊·格朗兰德，玛琳·詹姆斯. 聚焦式观察：儿童观察、评价与课程设计[M]. 梁惠娟，译. 北京：教育科学出版社，2017：143 - 144.

硬指标对幼儿进行测评。"以健康领域为例,不需学期末测评幼儿的运动能力,否则弊大于利。一方面,测评结果是否准确,取决于许多因素,如测评工具的质量、测评人员的水平、测评时的条件、幼儿被测评时的状态等;另一方面,测评中,幼儿运动能力没有达到《指南》的要求有多重原因,不能简单地认定为低等级或打个低分了事。比如,扔沙包这个游戏,一个4岁幼儿如果扔不到2米,原因可能是多方面的,或许是臂力问题,或许是技巧的问题,或许是兴趣、情绪等其他方面的问题。显然,没有对幼儿长期的、多角度的、深入的观察、分析与了解,仅凭其测评表现是难以正确评价其中的原因的。如果认为这样的测评结果写在成长册上就是客观评价,实在是太把评价简单化了。在李教授看来,将典型表现作为观察要点是可以的,但不能将典型表现当作硬性指标对幼儿进行测评。

案例分析

小班开学的第二周,李老师发现班里的幼儿在每日午餐时的行为表现各不相同。她想了解班里幼儿在午餐时的自理能力方面的发展情况,于是在午餐时间连续跟踪观察,记录幼儿每天的进餐情况:有多少幼儿是愿意、主动自己吃的;有多少幼儿是能吃一口饭、吃一口菜,并且吃干净的;有多少幼儿是需要老师提醒捡米粒的;幼儿能在11:30前吃完还是11:30后吃完等。李老师根据这些信息来分析幼儿在进餐环节中自理能力的水平。[①]

由此可见,对幼儿能力发展水平的了解,需要教师在真实生活情境中对幼儿进行持续的观察,而脱离情境对幼儿人为的测评是不能真正反映幼儿的能力水平的。

(三)了解幼儿之间的个体差异

因材施教历来是教育遵循的基本原则。《幼儿园教育指导纲要》(以下简称《纲要》)在总则中明确指出:"幼儿园教育应尊重幼儿的人格和权利,尊重幼儿身心发展的规律和学习特点,以游戏为基本活动,保教并重,关注个别差异,促进每个幼儿富有个性的发展。"《指南》在说明部分强调:"尊重幼儿发展的个体差异。幼儿的发展是一个持续、渐进的过程,同时也表现出一定的阶段性特征。每个幼儿在沿着相似进程发展的过程中,各自的发展速度和到达某一水平的时间不完全相同。要充分理解和尊重幼儿发展进程中的个别差异,支持和引导他们从原有水平向更高水平发展,按照自身的速度和方式到达《指南》所呈现的发展'阶梯',切忌用一把'尺子'衡量所有幼儿。"

---

① 徐志国.学前儿童行为观察与解读[M].南京:南京师范大学出版社,2017:5.

案例分析

在幼儿园的第一周,莱昂和乔在玩拼图游戏。莱昂选择了一个特别难的动物拼图。他眉头紧皱,聚精会神。他先看了看拼图盒上的图片,然后寻找桌子上的拼图,当其他孩子在他身边喋喋不休地讲话时,他也丝毫没有分神。他把拼图排好,选择了其中一个,仔细地把它放到他认为正确的地方。当他试了几次都不对时,就把它放在一边,然后试另外一个看上去相似但在形状上有些不同的图形。他在一片拼图上多次尝试,最后找到了正确的位置。"就是它了!"他喊着告诉老师,开心地笑着,然后继续为另一片寻找它的位置。在坚持完成了整块拼图后,他拿起其中一张卡片——大象,"跳着舞"穿过桌子,去找朋友乔。

乔坐在莱昂旁边的椅子上。他是在对老师提出意见后才来到这个桌子边上的,"可是我并不知道怎样玩这些拼图。"乔就座后,选择了一块拼图开始玩,但很快他就放弃了,因为他无法为这块拼图找到合适的位置。然后,他消极地坐在那里,等别人来告诉他教室里还有什么别的东西可以玩儿。①

幼儿之间是存在差异的,这是不争的事实。我们只有通过仔细的观察才能够准确把握幼儿的差异,并在此基础上因材施教。

(四) 探寻幼儿行为背后的原因

观察是帮助我们了解幼儿行为背后原因的有效途径。当我们常常苦恼于幼儿的一些问题行为时,不妨先想想幼儿为什么会这样,当我们想不明白的时候,通过观察努力寻找行为背后的原因所在,才能有的放矢地指导幼儿的行为。

案例分析

头发的故事

过去,我不大讲究穿着打扮,并且认为这是一种个人的风度,与工作无关。然后有这样一件事,却让我深感震撼。那是前年9月,我刚刚接了一个新小班,接班几天后,我发现一个叫赫露丝的女孩子,只要我跟她一讲话,她就面带惧色,扭过脸去不看我。我很奇怪,就特别留心去注意她,发现她与同班其他的老师对话时都很自然,这说明她不是不适应幼儿园的生活,而只是不适应我。于是我就试着在她高兴的时候去接近她,在她有困难的时候去帮助她,结果面对我的总是那副不敢多看一眼的姿态,我茫然了,于是就求助于家长,请她帮助我调查其中的原因。第二天,赫露丝的妈妈告诉我:"赫露丝说,李老师的头发很长,特别好看,沈老师的头发都在前边,挡住了一只眼睛。"听了赫露丝妈妈的话,我恍然大悟,原来是我的外形使她不安。试想:一

① 马里奥·希森.热情投入的主动学习者——学前儿童的学习品质及其培养[M].霍力岩,房阳洋,孙蔷蔷,译.北京:教育科学出版社,2016:9-10.

个性格内向的 3 岁孩子,一天到晚总要面对一位被头发遮住一只眼睛的老师,其中的感受是可想而知的。

我带大班的机会较多,为了带好小班,也花费了一番心思,研究教育方法。然而,唯独没有注意自己的衣着、打扮。[①]

二、提升专业素养

(一) 树立正确的儿童观

众所周知,要成为一名专业的幼儿园教师,首先得树立正确的儿童观,可是怎么才能使教师获得正确的儿童观呢? 通常的做法是让一线教师在职前接受一系列的专业理论课程的学习。可是,通过这种方法,掌握的往往只是"关于教育观念的知识",而不是真正获得了先进的教育观念。因为在美国哲学家舍恩看来,观念是不能传递接受的,而是"在反思性实践中,专业人员需要不断与情景对话,在'行动中反思',形成'行动中的知识'"。

案例分析

床下取鞋

睡醒后,烨烨要穿鞋,他发现鞋子在床底下,就想着把鞋取出来。

一开始,烨烨趴在地上,他尝试用手去取。但是,他的手碰不到鞋了。

于是,他将自己的身体紧紧地贴着床沿,他这样做,无非是让自己的手臂伸得更长,从而使手触摸到更远的地方。但是,他的手还是没有碰到鞋子。

也许,烨烨已经意识到单靠手臂的长度是不能碰到鞋子的。他站起了身,开始寻找能帮助他取到鞋的工具。他在床铺下面的抽屉里找到了一根绳子。绳子是长长的,他可能会想,绳子比手长,它一定能碰到鞋子。但是,绳子虽然有长度,却没有硬度,绳子也没有碰到鞋子,烨烨尝试了,利用绳子取鞋的办法失败了。

这时,烨烨坐了起来,他开始尝试用腿去取鞋子。导致他这样做的合理解释应该是,他多少具有一些"腿比手长"的经验。他将一条腿伸到床底下,尝试着用腿去取床下的鞋,他的腿如同钟摆一样在鞋子的周围晃动。

这一次,他的脚碰到了鞋,但是,他仍然无法取出鞋子。

他开始把两条腿一起伸到了床底下,有趣的是,他还用两只手紧紧地钩住床的侧板,这样做能使身体更多地进入床的底下,从而使两条腿更接近鞋子。

这一招起作用了,他的两只脚夹住一只鞋子,然后双腿如时针按顺时针方向移动,将鞋子慢慢地移出了床底。

[①] 沈心燕.头发的故事[J].学前教育,1995(2).

之后,烨烨用同样的方法取出了另一只鞋。

观察记录的老师说:"这段录像我看过好几遍,越看,我越觉得惊讶,也越兴奋。惊讶的是,烨烨竟然这么能干,他还只是一个托班的孩子(两岁多一点),就已经能想出这么多解决问题的办法;兴奋的是,观察烨烨取鞋的行为,让我发现了幼儿有那么大的潜力。"①

由上可见,尽管我们每个人都会说"儿童是主动的学习者",但是我们真的理解和体会"儿童是主动的学习者"吗? 没有经过自己的亲身经历,很多时候这些抽象的观念只是概念,而不是你真正认同的观念。

(二) 改善教学质量

美国著名教育心理学家奥苏伯尔在他的《教育心理学:一种认知观》中开宗明义:"假如让我把全部教育心理学仅仅归为一条原理的话,那么,我将一言以蔽之曰:影响学习的唯一重要的因素,就是学习者已经知道了什么,要探明这一点,并应据此进行教学。"

维果斯基的"最近发展区"理论告诉我们:儿童的发展有两种水平,一是现有的水平,即儿童当前所达到的发展状况;另一种水平是在现有的基础上,经过努力和帮助所能达到的一种新的发展状态。任何有效的教学都应当建立在教师对幼儿已有发展水平了解的基础上,促进幼儿达到可能的发展水平。可见,对于幼儿已有发展水平在教学中的意义,几乎所有的教育者都不会有异议,关键是在具体的教学中我们真的了解幼儿的已有发展水平吗? 我们如何了解幼儿的已有发展水平呢? 下面试图通过对比两个幼儿园教学活动案例,对上述问题做出粗浅的回答。

案例分析

案例一:美工"小豆动物"

1. 教师出示用豆和牙签组成的长颈鹿范例,紧接着示范操作过程。
2. 出示乌龟、小鸟等范例,并在黑板上挂了一幅由豆和牙签组合的动物图。
3. 幼儿学习制作"小豆动物"。
4. 结果是全班除一位幼儿做了小乌龟外,其余全部做了长颈鹿。

案例二:美工"小豆动物"

1. 幼儿观察、触摸桌面上的材料,说说其特点。
2. 请幼儿说说自己想做什么,打算用什么材料做动物的什么部分。
3. 让幼儿尝试操作,并鼓励幼儿说说有什么发现和困难。

---

① 朱家雄,张婕,邵乃济,何敬红.纪录,让儿童的学习看得见[M].福州:福建人民出版社,2008:35 - 36.

4. 点评幼儿的初试作品后,要求幼儿做几个正式作品。

5. 自我挑选出几个正式作品,结束活动。

6. 结果幼儿都做了自己喜欢的小动物,形态生动,各不相同。①

"案例一"是湖州实验幼儿园的特级教师朱静怡老师曾在某幼儿园看到过的一个教学活动;而"案例二"是后来朱老师用同样的材料组织了一次同样主题的教学活动。

为何"案例一"与"案例二"所呈现的教学活动,运用了同样的材料、同样的主题,但教学效果却截然相反呢? 也许我们能够迅速罗列出导致两个活动结果完全不同的诸多因素。譬如,"案例一"中教师过早、过多的示范束缚了幼儿的思维,扼杀了幼儿的想象力与创造力;"案例一"中教师过度的"教"反而阻碍了幼儿主动的"学";而"案例二"中教师并不急于教给幼儿,而是让幼儿去充分地感知材料,在幼儿充分了解材料特性的基础上,鼓励幼儿自己去构思、创作,丰富了幼儿的想象力与创造力;"案例二"中教师允许幼儿自己去尝试操作,为幼儿创设了宽松、自由的学习环境。这些因素都或多或少地导致了两个活动的不同教学效果,但笔者以为这些还不是最关键、最核心的要素。

"案例二"之所以取得比"案例一"更好的教学效果,在于教师的教学是建立在通过观察对幼儿已有发展水平充分了解的基础上。在"案例一"中,教师自始至终都不清楚幼儿关于制作"小豆动物"已经具备了哪些经验,教师似乎也不想关注幼儿在这方面的已有发展水平如何,而是一开始就急于向幼儿展示将要学习的新知识和新经验。教师这种对幼儿已有发展水平疏忽的做法,致使在整个教学过程中幼儿只有机械的动作模仿,而没有思维参与建构的主动学习。在"案例二"中,教师始终通过观察关注幼儿在制作"小豆动物"上已经具备的能力水平,在教学中教师并不急于教授幼儿新的知识和经验,而是想方设法地提供机会让幼儿展示关于制作"小豆动物"方面已经具备的经验和能力。教师首先让幼儿充分感知材料,鼓励幼儿自己构思,让幼儿尝试将自己的构思创作出来,在这些环节中,教师并没有教给幼儿新的经验和能力,而是提供了足够的机会让幼儿的真实水平充分展现在自己和教师的面前,在此基础上教师针对幼儿在创作中的发现和困难,给予有的放矢的教育与指导,使幼儿接下来的学习变得更加富有成效。

通过对以上两个案例的分析,我们不难看出,在具体的教学中,教师是否将自己的教学建立在幼儿已有发展水平的基础上,决定了教育的成败。那么,我们如何了解幼儿的已有发展水平呢? 通过对幼儿发展心理学等相关书籍的阅读,教师自然可以获得对幼儿身心发展特点的一般了解,但那毕竟是抽象的、笼统的。在日常生活中对幼儿进行观察,教师可以获得对幼儿的生动了解,但那毕竟是个别的、零星的。那么,在具体的教学活动中,我们如何获得幼儿在某一方面的具体发展水平呢,以上两种途径显然都显得苍白无力,最有效的方法莫过于像"案例二"中的做

---

①　朱静怡.生活·教育·活动(续)[J].早期教育,2001(8).

法,当幼儿构思完后,教师直接提供材料让幼儿去创作,从幼儿的创作过程中,幼儿关于制作"小豆动物"的能力发展水平一目了然。教师对幼儿关于这一主题的已有创作水平的准确把握是幼儿接下来进行有效学习的前提和保证。而"案例一"中,教师脱离幼儿已有发展水平的教学,要么使幼儿简单重复已有的经验,要么使幼儿被动接受新的经验,总之都是对幼儿宝贵时间的浪费,谈不上真正意义上的发展。

其实,在具体的教学活动之前,作为教师的我们也许并不能够准确把握幼儿在某一方面的已有发展水平,这不足为怪,关键是在教学中,我们能否为幼儿创设宽松的氛围,让幼儿自己去想、自己去说、自己去做,在幼儿说与做的过程中,使幼儿关于某一方面的已有发展水平充分地展示出来,在此基础上,我们再进行针对性的教育与指导,幼儿接下来对新知识、新经验的学习才富有成效。看来,教育往往直是慢,曲是捷;曲则进启,直入不化。在"案例一"中,教师直接教授新的知识,这种看似效率高的做法其实收效甚微;而在"案例二"中,教师花费了很多时间让幼儿展示自己的能力水平,并对此进行观察诊断,而不急于教授新的知识,这种看似效率低的做法恰恰可以获得很好的教育效果。

技能训练

请举例说明观察儿童的必要性。

知海拾贝

对每一个幼儿都有一个比较完整的了解(节选)
深圳市教学研究室 肖湘宁

应用《指南》观察幼儿的目的是要了解幼儿当前学习与发展的状况,评估他们的需要,拓展他们的经验,促进他们的学习与发展。

当教育的重心转到幼儿本身的学习与发展上时,教育的设计就不再是以内容为出发点了。教育应该是在幼儿现有的经验、能力与新的经验、能力之间搭建桥梁,因此,观察、了解幼儿便是我们实施教育的出发点。如果要积极有效地影响幼儿的学习与发展,作为教师,应该对班上的每个幼儿做全面的了解,有一个完整的图像;作为家长,对自己的孩子也要有全面的了解和一个完整的图像。这个图像里包括幼儿的兴趣、偏好、性格、能力以及发展的优势领域等。这样,我们可以依据对幼儿的了解为他们提供适宜的环境和经验,帮助他们借助某些兴趣、偏好或优势迁移到新的学习领域或弱势方面,促进其全面发展。

第三节 观察儿童行为需注意的问题

情境导入

心理学家戴恩做过一个这样的实验:他让被试看一些照片,照片上的人有的很有魅力,有的无魅力,有的中等。然后让被试在与魅力无关的特点方面评定这些人。结果表明,被试对有魅力的人比对无魅力的赋予更多理想的人格特征,如和蔼、沉着、好交际等。

一、观察计划

观察计划应该包括至少以下几个方面的内容:

1. 观察的内容、对象、范围

我想观察什么(包括人、事情、内容的范围)? 为什么要观察这些内容? 通过观察这些内容我希望回答什么问题?

2. 地点

我打算在什么地方进行观察? 观察的地理范围有多大? 这些地方有什么特点? 为什么这些地方对我的研究很重要? 我自己将在什么地方进行观察? 这个位置对我的观察有什么影响?

3. 观察的时刻、时间长度、次数

我打算在什么时间进行观察? 一次观察多长时间? 我准备对每一个人(群)或地点进行多少次观察? 为什么选择这个时间、时长和次数?

4. 方式、手段

我打算用什么方式进行观察? 是隐蔽式还是公开式? 是参与式还是非参与式? 观察时是否打算使用录像机、录音机等? 使用或不使用这些设备有何利弊? 是否准备在现场进行笔录? 不能笔录怎么办?

案例分析

幼儿冲突行为的观察计划

观察内容:冲突行为

观察对象:中班幼儿

观察时间:9:30—10:30(游戏活动时间)

观察次数:10 次

观察地点:幼儿园活动区域

观察方式:非参与观察

观察方法:事件取样法

这份对幼儿冲突行为的观察计划设计得还是比较周全的,涉及观察什么——冲突行为;对谁观察——中班幼儿;怎样观察——非参与性观察、事件取样法;何时观察及频次——每天 9:30—10:30,共 10 次;在何地观察——幼儿园活动区域。

二、观察效度

所谓观察效度主要是指排除或控制一些影响因素,确保观察到的结果与客观事实相符合。主要有以下三个效度:内容效度、描述效度和解释效度。

1. 内容效度

内容效度是指"测验内容对所要测量的内容的代表性程度",即测验内容的有效性。在行为观察中,内容效度主要指利用观察工具收集的内容对所要观察主体的了解程度,即观察工具的有效性。比如,某个教师想要观察幼儿的冲突行为,那么就需要对什么是幼儿的冲突行为下一个精准而详细的操作性定义,否则很有可能收集到的并不是幼儿的冲突行为,而是其他性质的行为。此外,幼儿是否受到暗示或干扰,也会影响内容效度。在对幼儿行为进行观察时,大多数观察者是托幼机构的教师或是其他幼儿熟悉的人员,这样就为观察创造了一个相对宽松和不受干扰的环境。但是,当一个陌生人出现在幼儿活动现场时,难免会引起幼儿与平时不一样的反应。

2. 描述效度

描述效度指的是"对外在可观察到的现象或事物进行描述的准确程度"。描述效度的提出,要求观察者尽量客观地描述事实,而不是简单地用判断的语句来阐述事实。比如,某教师在观察幼儿入园适应的表现时,简单用"孩子非常不情愿地牵住老师的手,和妈妈说再见"来表述,尽管不情愿的态度、表情很多时候可以一眼看出,但是每个孩子表现不情愿的方式是有很大差异的;而且观察者用了"非常不情愿"的表述,对于不情愿的程度,不同的人判断标准也不同,所以容易使阅读观察记录的人产生歧义。提高描述效度主要是要做到描述准确、客观。当观察者将观察到的内容,不添加任何感情色彩,用准确、恰当的文字将其如实描述,使阅读观察资料的其他人身临其境,犹如现场所见,即为描述效度好。

3. 解释效度

解释效度要求观察者站到儿童的角度,从他们行为和语言中,推断出他们认识世界、看待世界以及构建意义的方式方法,要完全基于观察记录,评价儿童的发展状态,不应该随意解释和推断,不应该添加没有根据的想法,也不能遗漏具有重要意义的内容。当然,对学前儿童行为现象的解释,要完全做到客观,不添加观察者任何想法是不实际的。因为,任何对儿童行为现象的评价和判断,都需要研究者根据自己所掌握的知识理论进行判断,在这个过程中,研究者的文化背景、个人经历,以及研究者与被观察儿童之间的关系,都无时无刻不在产生影响。因此,为了提高解释效度,观察者的自我反思显得尤为重要。观察者不仅要如实地根据观察记录,站在儿童的角度去推断,更需要觉察出自己的先见或前设,在判断中,摒弃先见的负面影响,形成客观的判断。先见和前设是指研究者在研究问题前已经形成的一些观点或看法。先见和前设是一种正常的现象。因为每一个研究者在"开始"研究问题之前,一般都有了一些"先见"或"前设"。先见影响了观察者对儿童行为的解释。因此,反思自己的先见,并尽量避免让先见对行为解释产生先入为主的影响,是提高解释效度的一个重要前提。另外,完整、连续的观察,获得足够的观察记录,也是提高解释效度的一条有效途径。从前文的案例中我们可以看到,如果观察者能够针对同一个观察目的,安排足够多的时间,做一系列的观察的话,也就不会误解儿童行为的意义。最后,为了提高解释效度,观察者还应注意儿童行为中经常出现的习惯行为,包括习惯动作和习惯语言,这些信息都是掌握儿童发展现状,判断儿童的思维方式、行为规范的重要来源。

三、伦理道德问题

伦理道德问题是所有观察中不可忽视的因素,它包括以下三方面:

1. 得到被观察儿童父母的许可

父母有权利同意或拒绝儿童被观察。因此,进行观察前最好获得儿童父母的同意。必要时,要与家长签订清楚的协议,让研究对象了解他们能从观察中获得什么以及需要配合的工作。观察者在使用任何观察资料前都应该得到主管人员的许可,如园长、保教主任等。

2. 杜绝观察研究对儿童身心造成伤害

观察者须留意幼儿的感受,绝对不可以在研究中造成对儿童的伤害,包括生理的和心理的;观察者还需要留意家长的感受,避免将幼儿和其他幼儿进行比较,以防影响家长,对孩子造成间接的伤害。

3. 注意保护被观察儿童及家长的隐私

在书写或口头报告观察结果时,除非有必要用真名,否则对于观察对象应以代号或化名呈现,避免记载或透露幼儿的真实姓名。观察数据须小心收存,不要将记录留在任何人可以随意拿到的地方。观察记录仅提供予"必要知悉"的人士,如教师、家长、社工人员等,其他人士必须获得家长的书面同意才可以看到。

除考虑观察伦理外,在向幼儿父母说明观察结果时,尤其需要根据专业知识做明确说明,不宜滥用知识,须严守各专业角色间的分界,避免逾越界限扮演诊断者或专业治疗者的角色。

技 能 训 练

请设计一个观察幼儿攻击性行为的观察计划。

知海拾贝

观察者偏见

观察者偏见,是由于观察者个人的动机和预期导致的错误。通常人们看见的和听见的只是他们所预期的,而不是事实的本来面目。

观察者偏见所起的作用像一个过滤器,一些事情被视为相关和重要的而获得注意,另外一些则被视为无关和不重要的而被忽略。譬如,我们耳熟能详的"疑邻盗斧"的故事,就是典型的"观察者偏见"。从前有个人,丢了一把斧子。他怀疑是邻居家的儿子偷去了,便观察那人,那人走路的样子,像是偷斧子的;看那人的表情,也像是偷斧子的;听他的言谈话语,更像是偷斧子的。那人的一言一行、一举一动,无一不像偷斧子的。不久后,此人在翻动谷堆时发现了斧子,第二天又见到邻居家的儿子,就觉得他的言行举止没有一处像是偷斧子的人了。

视频观察

儿童行为视频

观察要求:请结合视频,谈谈儿童行为观察的必要性和注意事项。

要点提示:视频中出现了观察者偏见,老师对方枪枪和南燕抱有偏见,认为方枪枪是个"调皮捣蛋鬼",南燕是个"受气包",带着这种偏见,在并没弄清事情真相的前提下,将方枪枪往南燕屁股上"打针"的游戏行为视为"不文明的欺负行为",并责怪南燕"真傻"。而真相是,方枪枪和南燕只是在扮演"救护伤员"的角色游戏。可见,如果教师不能树立积极的儿童观,并时刻自省可能存在的偏见,就容易误解孩子的行为,给孩子带来身心伤害。

第二章　儿童行为观察和记录
叙事的方法

本章概要

　　叙事的方法是儿童行为观察与记录的方法中运用最早和最广的方法,具有简单、方便等特点。当教师想要描述幼儿语言发展的特点,想要描述幼儿如何解决与同伴的冲突,或者想要了解幼儿如何解决游戏活动中的困难,教师需要进行描述性记录,即运用叙事的方法对儿童行为进行记录。本章重点对三种叙事的方法——日记法、轶事记录法和实况详录法进行阐释,主要包括三种叙事方法的定义、运用以及优缺点等相关内容。具体如下:

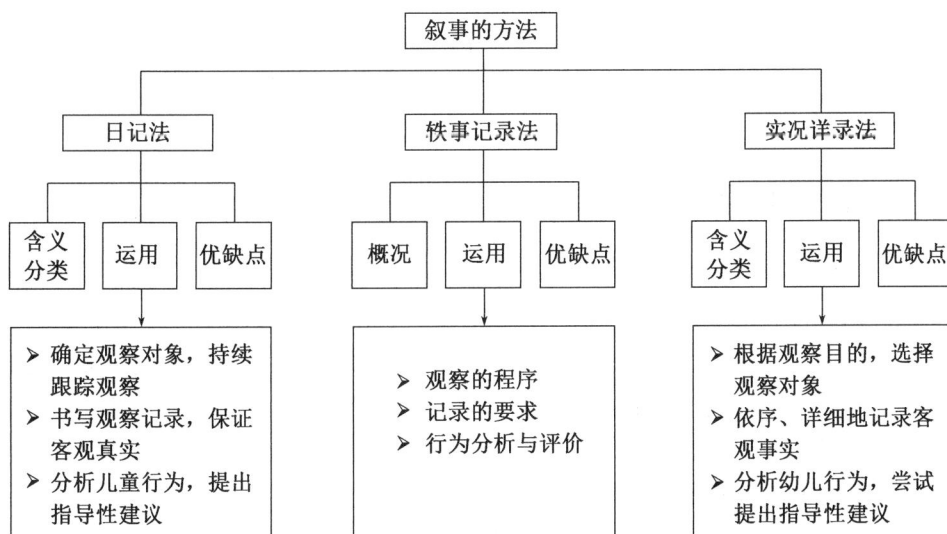

```
                        叙事的方法
        ┌──────────────────┼──────────────────┐
      日记法              轶事记录法            实况详录法
    ┌───┬───┬───┐      ┌───┬───┬───┐      ┌───┬───┬───┐
   含义  运用  优缺点   概况  运用  优缺点   含义  运用  优缺点
   分类                                    分类
```

- ➤ 确定观察对象,持续跟踪观察
- ➤ 书写观察记录,保证客观真实
- ➤ 分析儿童行为,提出指导性建议

- ➤ 观察的程序
- ➤ 记录的要求
- ➤ 行为分析与评价

- ➤ 根据观察目的,选择观察对象
- ➤ 依序、详细地记录客观事实
- ➤ 分析幼儿行为,尝试提出指导性建议

第一节 日记法

情境导入

在餐馆吃饭,有一道菜叫佛跳墙。她问妈妈,为什么这么叫。妈妈说,因为这个菜太好吃了,佛想吃,就跳墙来吃。她发表异议:"佛用不着跳墙,他能穿墙而过。"(5岁)

保姆吃素,啾啾与她交谈。问:"你为什么要吃素?"答:"我信佛,佛说不能杀生。"啾啾:"你说你不杀生,可是你吃蔬菜,植物也是有生命的。"保姆:"植物没有知觉。"啾啾:"其实你折断一根小草,小草也会感到痛,只是你不知道。"保姆:"眼不见为净。"啾啾:"这不是骗自己吗?"(7岁)①

以上内容摘自著名作家周国平对其女儿啾啾的观察记录,他在这本书的序中谈道:"我情不自禁地记下她的一点一滴,如同一个藏宝迷搜集一颗又一颗珠宝,简直到了贪婪的地步。"近年来,很多父母和周国平一样在育儿的过程中以日记的形式记录孩子的成长历程。尤其是随着微信、微博等现代化技术手段的普及,使日记法的形式不仅有文字描述,还可辅以照片、视频和声音等,使之更加形象、生动。

日记法是儿童行为观察与记录的重要方法之一,关于该方法的定义、运用以及优缺点是本节内容的核心。

一、日记法的含义与分类

(一)日记法的含义

日记法是研究儿童行为的一种常用的方法。日记法,顾名思义,以日记的形式记录儿童的发展历程,主要用于对儿童进行长期、持续的跟踪观察。日记法一般持续几周、几个月甚至几年之久,因此主要由与儿童关系比较亲密的父母、祖父母或者其他主要照料者完成。通过对儿童观察日记的分析可以看出其在语言、动作、情绪情感以及社会性等方面的发展变化。

我国儿童教育之父陈鹤琴,以日记的形式记录了其长子陈一鸣808天(自出生始)的成长变化过程,其中包括文字描述和大量的照片。陈鹤琴通过对自己儿子的观察、记录与分析,加深了其对儿童身心发展特点的认识,最终写成了《儿童心理之研究》一书。

① 周国平.宝贝,宝贝[M].杭州:浙江文艺出版社,2014:179-180.

（二）日记法的分类

根据观察记录的重点，日记法可以分为主题式日记法和综合式日记法。

主题式日记法是指重点对儿童的某个或者某几个发展领域表现出的行为进行观察记录，如语言、情绪情感、认知和社会性等方面，或者选择健康、语言、社会、科学和艺术五大领域的任一领域或者几个领域的内容。皮亚杰就曾利用主题式日记法的形式对他的孩子的认知发展特点进行观察记录。

综合式日记法是指对儿童的各个发展领域表现出的行为进行全面详细的记录。例如，对儿童的健康、语言、社会、科学和艺术各个领域的发展特点进行详细记录，或者对儿童的语言、动作、认知、情绪情感和社会性等各个方面的行为进行详细记录。

二、日记法的运用

（一）确定观察对象，持续跟踪观察

日记法一般由儿童的家长进行。家长是儿童的主要照料者，与儿童关系比较亲密，在育儿的过程中可以运用日记法记录孩子的日常表现，尤其是儿童成长过程中的每一次重大进步。例如，儿童第一次喊妈妈、第一次走路、第一次用勺子自己吃饭等。家长的这些详细的观察记录资料不仅能够帮助自己更好地了解自己的孩子，也能够为自己的孩子提供宝贵的记忆资料。

教师也可运用日记法记录班级幼儿出现的新行为。例如，害羞胆小、长时间游离于集体活动之外的小男孩有一天开始认真观察同伴的游戏。教师对这类孩子的观察与分析有利于加深对儿童的了解，提高自己的教育教学效果。

日记法一般需要对儿童进行几周、几个月甚至几年的跟踪观察，因此观察者要具有持之以恒的决心，在此基础上搜集的资料才能作为分析儿童行为特点的佐证。另外，随着现代化手段的丰富，观察者可以更多地采用拍照、录音或录像的方式进行记录，以防记录时出现遗忘。

（二）书写观察记录，保证客观真实

观察者应该及时把自己的观察结果以书面的形式记录下来。在书写观察记录时，应该注意以下两点：

其一，确保观察记录的完整性。书写观察记录之前，观察者应该首先标明观察次数、观察日期、观察地点、观察情境以及观察者等信息。这些信息可以为分析幼儿行为提供一定的借鉴和参考。

其二，确保观察记录的客观性和真实性。观察者一般是与儿童关系比较密切的家长，在书写观察记录时，切忌加入自己的主观判断和感情色彩。如"我认为""我觉得"等表述，就带有明显的解释性和判断性。

（三）分析儿童行为，提出指导性建议

观察者根据观察记录，运用儿童行为分析的相关理论，对儿童的行为表现进行深入分析（本书第六章会对儿童行为分析常用的理论进行详细阐释）。需要注意的是，

教师应该依据观察记录做出公正、客观的判断,切勿受到自己主观喜好的影响。

在对儿童行为做出公正、客观的判断之后,观察者还需要针对儿童的行为特点提出相应的指导性建议。建议应保证科学性和可行性,便于家长和教师根据建议制定下一步的对策,促进儿童更好地发展。

现在我们根据日记法的四个步骤——确定观察对象、长期持续地跟踪观察、写好观察记录、分析幼儿行为并提出指导性建议,完成以下观察记录①:

表 2-1　主题式日记法案例

幼儿姓名	英布兰	性别	男	观察领域	社会性发展
第一次观察					
年龄	3 岁 4 个月		观察日期	2008 年 12 月 6 日	
观察地点	幼儿园		观察者	教师	

观察记录:

今天,在大积木区,英布兰发起了一个游戏活动,并与艾斯拉(一个 3 岁的小女孩)一起玩。这对英布兰来说很不平常。入幼儿园 3 个月来,他都是那样害羞,宁愿躲在一边,他比班里其他的男孩看起来小多了,而他的同伴们也总怀疑自己高大的身材吓着了他。但我们从未看到过其他男孩欺负他的现象。

欧文斯夫人(教师)也目睹了英布兰与艾斯拉一起游戏的行为。她指出他们在一起玩是非常好的事,她为英布兰的这一举动感到很高兴。英布兰对老师的反应做出了积极回应,他微笑着,似乎更加努力地增加与艾斯拉的交往,他们一起摆弄积木。两个孩子在一起玩了大约 7 分钟,这时阿德里安(班上一个长得比较高大的男孩)走过来,想要与他们一起玩。英布兰立刻离开大积木区,坐到一张阅读桌旁看书。在上午余下的时间里,英布兰没有与其他任何儿童交往过。

行为分析:

1. 英布兰自入幼儿园以来很少参与活动,今天能够主动发起游戏活动,说明英布兰开始尝试融入集体,是其社会性发展的一大进步。

2. 英布兰与同伴游戏的行为得到教师的鼓励后变得更加积极,说明他渴望得到教师的关注。

3. 英布兰不敢与比自己高大的孩子交往,说明其在与人交往时胆小、害羞的特点,缺乏主动性。

指导性建议:

1. 教师对英布兰行为的积极回应有利于激发他的交往行为,另外英布兰有些胆小害羞,尤其在面对比自己高大的儿童时,因此教师应该对他的行为给予更多的关注,并为其创造更多与其他儿童相处的机会。

2. 英布兰有一个比他高大的哥哥,教师需要向家长了解一下相关情况,以便更好地了解英布兰行为产生的原因。

---

① 案例改自:沃伦·R.本特森(Warren R. Bentzen).观察儿童——儿童行为观察记录指南[M]2 版.于开莲,王银玲,译.北京:人民教育出版社,2017:145.

第二次观察			
年龄	3 岁 4 个月	观察日期	2008 年 12 月 13 日
观察地点	幼儿园	观察者	教师

观察记录：
　　自 12 月 6 日观察以来，其他老师和我都观察到，英布兰至少可以与一些儿童一起玩了，我们认为这隐约表明了英布兰的某种愿望。今天上午 10 点，英布兰"战战兢兢"地问迈克尔，一个比英布兰高不了多少的男孩，可不可以和他一起玩沙箱游戏。迈克尔同意了。两个男孩一起很友好地玩大卡车，并在他们用积木搭建的"公路"上行驶大卡车。他们一起玩了大约 9 分钟，到吃点心的时候才结束。
　　必须注意的是，英布兰在玩游戏时显得不够自信。大部分时间是迈克尔在发号施令或指出发生了什么，如谁来"驾驶"大卡车，"公路"要伸向沙箱的什么位置等。而且，英布兰对迈克尔的领导角色没有表现出特别的焦虑或恐惧。对英布兰的行为还需要做进一步的观察，以明确他是否会尝试更加坚定地表达自己的愿望或目标。

行为分析：
　　1. 英布兰的社会性行为似乎有实质性突破，能够和同伴一起玩游戏，甚至还主动邀请比自己高大的孩子一起游戏。
　　2. 在与同伴一起游戏时一般处于被领导的角色，主动性有待进一步提高。

指导性建议：
　　1. 鼓励英布兰在与同伴玩游戏的时候能够更加积极主动，并尝试担当领导者的角色。
　　2. 进一步观察英布兰在以后活动中的表现，当出现进步时及时给予鼓励。

三、日记法的优缺点

（一）优点

1. 对观察者、观察环境无特殊要求

日记法是以观察者日记的形式记录儿童成长过程中出现的新行为，观察者无须进行专业培训，无须专业的设施设备和特殊的观察环境，只需在与儿童相处的过程中，记录下儿童的行为表现即可。

2. 能够提供翔实的观察记录资料

从横向分析，观察者搜集到的资料不仅是儿童的真实行为表现和儿童发展的细节，观察资料还涉及儿童发展的认知、动作、情绪情感以及社会性等各个方面，能够获得儿童在某一阶段行为发展特点的全貌。从纵向分析，日记法要求观察者进行为期几周、几个月甚至是几年的跟踪观察，由此搜集的观察记录资料能够反映幼儿发展的阶段性、持续性，有利于观察者从纵向的角度了解儿童个体发展的过程。

（二）缺点

1. 费时、费力，教师运用的难度较大

日记法需要观察者对儿童进行长期跟踪观察、记录和分析，记录内容包含大量的文字性描述,需要耗费大量的时间和精力,更多地被父母等主要照料者采用。教师要对班级全体儿童负责,长时间对某个儿童进行观察记录是不可取的。

2. 儿童个体发展特点难以代表全体

日记法是对某个儿童进行的观察记录,个体的发展存在很大的差异性,对一两名儿童行为发展特点的分析不具有普遍性,这种行为特点并不能代表所有或大多数儿童的行为特点。例如,如果你观察三岁的豆豆,总结出豆豆的行为发展特点,并认为所有的三岁儿童都像豆豆一样,这是一种不科学的判断。因此,日记法获得的观察分析资料只适用于个体,往往缺乏代表性和普遍性。

3. 观察者主观倾向可能会对观察结果产生影响

日记法最常被儿童的父母、祖父母等主要照料者采用,受主观情绪的影响,他们可能会高估儿童的行为表现,从而对观察结果的客观性带来一定的影响,而且这种主观倾向性很难消除。

案例分析

尽管多米在幼儿园小班已经一个学期了,但教师通过平时的观察发现他几乎不与同伴互动交流,基本上都是一个人呆呆地坐着或者看着其他小朋友玩。新学期开始,教师进行了多次观察,记录如下[①]:

幼儿姓名	多米	性别	男	年龄班	小班
第一次观察					
观察日期	2014 年 2 月 13 日				
观察地点	幼儿园		观察者	教师	

观察记录:
　　利用小朋友分享假期趣事的机会,我鼓励多米也来说说他的趣事。一开始,他只是冒出了"停车场"三个字,随后就没了声音。在我的提醒和帮助下,他又多说了几个字,提到了海门、广州等地方。午饭时,一个偶然的机会我拉住了多米,并和他继续说说假期的事情,边说边让他撑着我的手站起来……未曾想,就是我的这一举动,他开始破天荒地告诉我一些他家里的事情:和爸爸一起去游泳了,妈妈只是在边上看,还带着游泳圈……

行为分析:
　　多米刚入园的半个学期不能很好地与同伴游戏,表现出胆小、害羞的性格特点。新学期来,在教师的鼓励和帮助下,他开始与教师交谈假期的趣事,交谈时情绪很好。可以看出多米逐渐表现出与人交往的愿望。

---

　　① 案例改自:侯素雯,林建华. 幼儿行为观察与指导这样做[M]. 上海:华东师范大学出版社,2014:18.

指导性建议：

教师多关注和鼓励多米,对他的进步给予表扬,同时创设条件,增加他与同伴交往的机会。

第二次观察		
观察日期	2014 年 2 月 18 日	
观察地点	幼儿园	观察者 教师

观察记录：

今天多米来到幼儿园时,情绪不错;吃早餐点心时,他主动告诉我一些事情:穿了溜冰鞋、在家打保龄球等,边说还边做动作;周围的小朋友在说时,很明显他在听,并且在别人讲完后,也会说自己的溜冰鞋。

运动时,他明显放开了自己,开始做一些跷腿的动作;尽管在做"红绿灯"时,他并没有照做,但看得出来,其实他已经在关注这个活动了,并且还会时不时地做出些奇怪的动作……这一表现和举动让我再次对他刮目相看,并且对他能够变得活泼开朗也越来越有信心了。

行为分析：

多米能够主动与教师沟通,能够注意倾听同伴,并尝试加入集体交流。在活动中减少了紧张和焦虑,开始倾听教师的指令,并尝试按教师的要求做出反应。

指导性建议：

表扬多米在活动和与人交往方面的点滴进步,同时指出其进步的方向,如:"如果在活动中你能……就更好了。"

第三次观察		
观察日期	2014 年 2 月 24 日	
观察地点	幼儿园	观察者 教师

观察记录：

"这是妈妈给我买的新皮鞋",在没有任何暗示和鼓励的情况下,多米利用自由活动的时间主动和我说了他感到开心的事情。在手工活动时,他认真完成了自己的作品,还主动交给了我。与此同时,他还告诉我"边介然把纸撕坏了"。

他吃完午饭后,还主动把空碗拿给我看。在进行"双脚跳"的游戏时,多米不但积极参与,而且还有不错的表现,活动结束后,还和旁边的小朋友抱在一起嬉戏、玩耍。

行为分析：

多米参与活动的主动性越来越高,与教师的关系越来越亲近,乐于主动与教师交流。在活动中的表现积极认真,并能关注同伴的表现。

指导性建议：

首先对多米的进步进行鼓励和表扬,还要提出更高的要求,期待多米更大的进步。例如,教师可以对多米的作品提出一些建议。

第四次观察		
观察日期	2014 年 3 月 5 日	
观察地点	幼儿园	观察者 教师

观察记录：

　　本周开始，我发现多米与老师交流的主动性提高了，尤其在活动时，会提醒我"拍照片发给妈妈看"，并且会就一些小事情与我沟通交流，如午餐时会告诉我饭菜吃光了；自由活动时告诉我，要邀请老师和小朋友一起去打保龄球，还喜欢边说边做动作。

　　户外活动时，他不再是一个"看客"了，而是一个积极主动的"参与者"，会和同伴一起玩，表现得很积极活跃。平时即使没有什么事情，也会看看老师或者靠近老师，而这在以前是根本不可能的。以前即使无意中和老师的眼神接触，他也会立刻转过头去，假装什么都没发生。

行为分析：

　　多米能够主动寻找机会与教师进行交流，并且交流的方式更加生动多样。在活动中也表现得更加积极。

指导性建议：

　　教师可以鼓励多米帮助同伴，在活动中担任领导者的角色，以期取得更大的进步。

技 能 训 练

　　1. 观看电影《小人国》，选取池亦洋为观察对象，运用主题式日记法，对多个场景下池亦洋的社会性发展特点进行观察记录，并简单分析评价。

　　2. 利用实习的机会，选取某个儿童作为观察对象，利用综合日记法对观察对象进行持续跟踪观察，并做好记录与分析。实习结束后上交观察记录，并组织讨论。

知海拾贝

一个儿童发展的程序 ①

第 1 月

第 1 星期

第 1 天

（1）这小孩子是在 1920 年 12 月 26 日凌晨 2 点零 9 分生的。

（2）生后 2 秒钟就大哭，一直哭到 2 点 19 分，共连续哭了 10 分钟，以后就是间断地哭了。

（3）生了 45 分钟，就打呵欠。

（4）生后 2 点 44 分，又打呵欠，以后再打呵欠 6 次。

（5）生后的 12 点钟，生殖器已经能举起，这大概是因为膀胱盛满尿的缘故，随即就小便了。

（6）同时大便是一种灰黑色的流汁。

---

①　陈鹤琴.陈鹤琴全集(第一卷)[M].南京:江苏教育出版社,2008:54.

(7) 用手扇他的脸,他的皱眉肌就皱缩起来。

(8) 用指触他的上唇,上唇就动。

(9) 打喷嚏两次。

(10) 眼睛闭着的时候,用灯光照他,他的眼皮就能皱缩。

(11) 两腿向内弯曲如弓形。

(12) 头颅是很软的,皮肤带红色,四肢能动。

(13) 这一天除哭之外,完全是睡眠的。

......

第8月

第31星期

第212天

(70) 他能利用器物:从前拿了东西就放在口里,或者丢掉;现在东西不放在口里也不丢掉,拿了东西就敲或摇,给他扇子他就摇,躺在床上的时候,给他一根箫,他也摇。

(71) 喜欢箫,两手交换地摇玩。

(72) 辨别的能力:他有一只玩物的狗,他常常咬它的尾巴和脚,并向地板上乱敲。但他看见真狗的时候(新近得了条小狗,比玩物的狗稍大一些)他不敢咬它了,虽说这只狗很驯服的,他也不敢拿它,这可以证明他知道活的同死的分别。

第33星期

第226天

(73) 喜欢在外游玩:他祖母时常抱他下楼到外边玩耍,今天他抱在祖母手里看见楼梯,身子向着楼梯就要下去,他祖母特意转身向房里走,他就哭了,再抱向楼梯他就不哭,后来抱他下楼去就很开心了。这里可以表示他:① 知道方向;② 喜欢到外边去;③ 记得从楼梯可以出去;④ 意志坚强。

第二节 轶事纪录法

情境导入

学习故事是为了支持儿童进一步学习而进行的评价,不是对学习结果的测评。它是形成性的,关注的是学习过程;它是课程的一部分,并能够在师生之间持续的互动和呼应中推动课程生成。学习故事又是在日常教育教学情境中所做的观察,是用图文的形式记录下儿童学习过程中的一系列"哇"时刻或"魔法"时刻,关注的是儿童能做的、感兴趣的事情,而不是儿童不能做的、欠缺的地方。在这些"哇"时刻或"魔法"时刻里,儿童展示出一个或几个该课程框架所重视的有助于学习的心智倾向——

好奇、勇敢、信任、坚持、自信、分享和承担责任。教师的计划和支持儿童进一步学习的方法、策略和内容是建立在分析所观察到的与儿童学习有关的"数不清的因素"基础上的,为教师如何进一步促进和拓展儿童的学习提供方向和指引。

学习故事是区别于传统评价模式的一种新的评价模式,是一套用叙事的方式进行的形成性学习评价体系。轶事记录法也是以叙事的方式记录、分析和判断儿童发展的方式,与学习故事有异曲同工之妙。另外,学习故事的结构与"注意""识别"和"回应"这三步评价过程相对应。这三个过程同样对应轶事记录法的三个步骤,首先,选择有意义的或感兴趣的行为进行观察记录;其次,对行为进行分析;最后,提出指导性建议以支持和促进儿童更好地发展。

一、轶事记录法的概况

(一) 轶事记录法的含义

轶事,也称"逸事",是指独特的事件,是观察者感兴趣或者认为有意义、有价值的事件。"所谓轶事记录法,是指观察者在不刻意安排的自然情境中,将重要事件或感兴趣的事件发生的经过和情境,以文字描述的方式进行记录。事情发生的经过包括事件发生前后的因果关系和来龙去脉,事件发生的情境包括事件发生时,周围人、事、物的互动情形和应答对话。"①

轶事记录法不需要事先安排活动情境或事件,是一种自然情境下的观察。观察者捕捉到有意义或者感兴趣的幼儿行为后,用翔实、客观的语言进行描述,尽可能地排除个人主观倾向。同时,观察者应该按照事件发生的顺序进行记录,便于在行为分析时能够更好地了解事件发生的背景。

(二) 轶事记录法的特性

1. 非正式、低结构

轶事记录法属于非正式、低结构的观察方法,观察之前不需要进行严密的计划,不需要对观察情境进行严格的控制,观察过程中也没有严格的标准。观察者在自然的情境中,对感兴趣或者有价值的事件经过进行记录。

2. 弹性大

轶事记录法的使用弹性很大,观察谁(who),观察、记录什么(what),何时观察、记录(when),怎么观察、记录(how),在哪里观察、记录(where)等都由观察者自己决定。比如,观察者可以观察幼儿的集体教学活动,也可以观察游戏活动,也可以观察如厕、进餐、午睡等生活活动。可以选择语言领域的集体教学活动,也可以选择科学领域的集体教学活动进行观察记录。

---

① 蔡春美,等.幼儿行为观察与记录[M].上海:华东师范大学出版社,2012:138.

3. 特别幼儿、幼儿特别是观察的重点

轶事记录法在内容选择上的弹性较大,观察者可以自由选择幼儿的行为进行记录,但是从研究价值的角度看,观察者应该重点选择儿童发展过程中的重点事件、偶发事件或者行为表现异于他人的儿童进行观察记录。

重要事件和偶发事件包括能够反映儿童发展过程阶段性进步的新行为,或者出现的异于平常的典型行为。例如,游戏活动中第一次主动邀请同伴共同游戏的儿童;搭积木的时候,第一次抢别人玩具并出现打人的攻击性行为的儿童。特别幼儿可能包括入园以来一直游离于集体之外,从不敢与教师和同伴主动交流的幼儿,或者在游戏中一直充当"游戏带头人"的角色的儿童。

(三) 轶事记录法的适用时机

观察者捕捉到有意义和有价值的事件可以随时进行记录,轶事记录同样适用于事先有计划的情况。根据观察是否事先确定观察对象,或者事先选择幼儿特定行为、观察情境等,可以把轶事记录法的适用时机分为两类:有计划的系统观察和随机观察。

1. 有计划的系统观察

有计划的系统观察是观察者事先初步计划选定观察对象或者选定要观察儿童的哪些行为表现。例如,观察者事先选定对儿童的进餐行为进行观察,可以选定全班幼儿作为观察对象,但没有明确的观察目标,观察到幼儿出现特殊的进餐行为就进行记录。

2. 随机观察

随机观察是观察者事先并没有任何的计划,只是在与儿童相处的过程中觉察到有意义或者感兴趣的事件就进行记录。观察者事先不确定观察对象,也不确定对儿童的哪些行为进行观察,观察和记录的内容完全取决于实际情况。

二、轶事记录法的运用

轶事记录法的运用包括观察的程序、记录的要求和行为分析与评价三部分内容,其中观察和记录是重点。

(一) 观察的程序

1. 确定观察目的

轶事记录法属于非正式的观察记录方法,主要为观察者进一步的观察提供参考。有计划的系统观察事先初步确定观察对象和目标行为,轶事记录能够帮助观察者了解行为的概况,为深入观察提供帮助。随机观察事先对观察对象和目标行为没有任何计划,观察结果可以作为后续观察的参考。因此,观察者必须首先明确自己的观察目的。

2. 选择观察情境

观察情境的选择要依据观察者的观察目的,如果观察者事先选定幼儿的挑食行为作为目标行为,那么观察情境就要定在幼儿在教室进餐时。需要注意的是,观察者不能干扰幼儿的正常活动,因此最好选择教室的角落进行观察。

3. 准备观察工具

观察者可以随时在口袋里放置纸、笔和录音笔等工具,以便在捕捉到有价值的儿童行为时及时记录,保存信息。

4. 实施观察

观察者要时刻保持聚精会神、全神贯注的状态,时刻关注儿童的活动情况,一旦目标行为出现,迅速启动开始按钮,像摄像机一样把事件的过程记录下来。学习故事提示我们,观察者更多选择"哇"时刻进行观察,把关注点放在儿童"能做什么",而不是"不能做什么"。

(二) 记录的要求

1. 保证记录信息的完整性

轶事记录的目的是了解观察对象的特殊、重要或者有趣的事件或行为,因此,为了进一步分析时能提供更明确的信息,记录时宜掌握"六 W 要素"。① "六 W 要素"要求观察者详细记录以下信息,以确保信息的完整性。

第一,观察对象和观察者的基本信息(who),包括观察对象的姓名、性别、年龄、家庭背景(必要时)和观察者的姓名。

第二,观察目的(why),观察目的在一定程度上决定了观察内容、关注时间、观察地点等内容。

第三,观察主题(what),即选择什么样的内容进行观察。

第四,观察时间(when),包括观察的日期和时间。

第五,观察情境(where),包括观察的地点和情境描述。

第六,观察方法(how),包括观察和记录的方法。

第七,轶事描述,主要以文字描述为主,也可以粘贴照片。

2. 即时记录与回忆记录有机结合

当观察者捕捉到有意义或者感兴趣的幼儿行为,如何快速把这些行为记录下来是观察者需要解决的问题。尤其是作为观察者的教师,还需要组织教育教学活动、与全体幼儿进行互动,如何更好地完成观察记录呢?

一方面,做好即时记录。行为发生后,在不影响正常班级秩序的前提下,教师利用教学空档时间进行快速的、摘要式的记录,尽量用最短的时间记录下关键信息。另一方面,课后及时回忆记录,教师利用课后时间回忆幼儿行为发生的情境与幼儿的行

① 蔡春美,等.幼儿行为观察与记录[M].上海:华东师范大学出版社,2012:138.

为,根据即时记录对幼儿行为进行详细描述,且回忆记录越早越好。

另外,为便于即时记录,可以事先设计一些记录表格,以便更快地进行即时记录。一般来说,轶事记录表并没有严格的规定,观察者可以根据自己的需要和方便设计合适的观察记录表格。表2-2到表2-6提供了几种轶事记录表格的示例,具体如下:

表2-2适用于对单一儿童为期一次的轶事记录,该表不仅交代了观察对象的基本信息、观察目的、观察情境等,并分别留有文字描述和粘贴照片以及分析和建议的空间,可提供较详细的信息。

表 2-2 单一儿童轶事记录表(单次)

观察对象			年龄			性别	
观察日期与时间					观察者		
观察目的							
观察情境(地点和情境描述):							
轶事描述				行为分析		指导性建议	
文字描述		照片粘贴					

当需要对儿童进行多次观察,以便了解儿童行为的阶段性变化时,可以使用表2-3。

表 2-3 单一儿童轶事记录表(多次)

观察对象		年龄		性别	
观察者					
观察目的					

观察日期与时间	观察情境	轶事描述		行为分析	指导性建议
		文字描述	照片粘贴		

观察日期与时间	观察情境	轶事描述		行为分析	指导性建议
		文字描述	照片粘贴		

当需要对多名儿童进行轶事记录，以便了解儿童之间的发展差异时，可以运用表2-4。

表2-4 轶事记录表(多名儿童)

观察对象		年龄		性别		观察对象		年龄		性别	
观察时间				观察者		观察时间				观察者	
观察目的：						观察目的：					
观察情境：						观察情境：					
轶事记录(可粘贴照片)：						轶事记录(可粘贴照片)：					
行为分析：						行为分析：					
指导性建议：						指导性建议：					

观察对象		年龄		性别		观察对象		年龄		性别	
观察时间				观察者		观察时间				观察者	
观察目的：						观察目的：					
观察情境：						观察情境：					
轶事记录(可粘贴照片)：						轶事记录(可粘贴照片)：					
行为分析：						行为分析：					
指导性建议：						指导性建议：					

当观察者事先确定对某个区角或者按照作息时间表划分的一日活动类型(入园、晨间活动、早点等)进行观察时,可以选用表2-5和表2-6。

表2-5 区角活动(或一日活动)轶事记录表(个别儿童)

观察对象		年龄		性别	
区角名称(或一日活动类型)			观察者		
观察目的：					
观察情境：					
日期与时间：	轶事记录：	行为分析：	指导性建议：		

表2-6　区角活动(或一日活动)轶事记录表(多名儿童)

区角名称(或一日活动类型):								
观察时间					观察者			
观察目的:								
观察情境:								
观察对象		年龄		性别		观察对象		年龄		性别	
轶事记录(可粘贴照片):				轶事记录(可粘贴照片):				
行为分析:				行为分析:				
指导性建议:				指导性建议:				

3. 保证记录的客观、翔实

在进行记录时,观察者无须对儿童的行为进行反复揣测和解读,只需要把看到的、听到的用文字描述出来。

首先,防止个人主观倾向的影响,避免出现"晕轮效应"。晕轮效应又称"光环效应",指的是当认知者对一个人的某种特征形成好或坏的印象后,会倾向于据此推论该人其他方面的特征。如果观察者不能消除自己的个人主观倾向,会使观察记录的结果与事实不符。例如,一个教师眼中的好孩子,即使有一天出现主动攻击别人的行为,教师也会主观性地认为是对方的原因。因此,观察者在进行记录时必须时刻保持高度的敏感性,切勿受到个人主观偏见的影响。

其次,记录的语言要客观、具体,避免出现判断性语言。观察记录必须是客观的

描述性语言,观察者不要加入自己的主观判断。例如,教师对琪琪和果果分别在美工区和戏剧角的观察记录如下:

琪琪对于画小猪非常有热情,她能从中找到乐趣。

果果在戏剧角显得非常忧郁,她和其他孩子相处得并不好。

"对画小猪有热情""从中找到乐趣""显得非常忧郁""和其他孩子相处得不好",这些语言都是观察者的主观判断。使用客观的描述性语言可以修改如下:

琪琪一边唱歌,一边画小猪,每当她在小猪的脸上添上一笔,她都会笑起来。

果果眉头紧锁地坐在戏剧角里,手里紧紧地握着"珠宝盒"。每当有小朋友向她要"珠宝"的时候,她都转过头去不搭理小朋友。

表2-7是观察记录中应该避免使用和应该使用的词汇和短语。

表 2-7 应该避免使用和应该使用的词汇和短语①

应该避免使用的词汇和短语	应该使用的词汇和短语
这个孩子爱……	他经常选择……
这个孩子喜欢……	我看到他……
这个孩子喜爱……	我听到他说……
他在……上花很长时间	他花了五分钟做……
似乎……	他说……
看上去显得……	他几乎每天……
我认为……	他每月有一两次……
我觉得……	他每次……
我想……	他持续性地……
他做……非常好	我们观察到一种关于……的模式
他不善长于……	
他对……是有困难的	

(三) 行为分析与评价

行为分析是对记录进行解释和说明的过程,也是对记录赋予意义的过程,同时还是一个建构的过程。分析儿童的行为需要观察者加入自己的想法和判断,为了使行为分析更加科学,观察者需借助相应的儿童心理发展理论,又要超越相关的理论,以发展的眼光来看待儿童的成长与发展,以进行正向的、积极的评价为主,并着眼于为儿童以后更好地发展提出进一步的对策和建议。

另外,教师可以把观察记录呈现给幼儿,和幼儿一起重温、分享活动的过程,并与幼儿一起进行分析。在这个过程中,平等的"对话"是关键。

---

① 转引自:盖伊·格朗兰德,玛琳·詹姆斯. 聚焦式观察:儿童观察、评价与课程设计[M]. 梁慧娟,译. 北京:教育科学出版社,2017:46.

三、轶事记录法的优缺点

（一）优点

1. 使用简单、方便

轶事记录法被认为是一种最简单的、最方便的观察方法，也是幼儿园常用的一种观察方法。观察者无须安排特别的情境或事件，当观察者观察到有意义、有价值或者是感兴趣的行为时可以随时随地进行记录。

2. 详细了解特定情境下幼儿行为的特点

轶事记录法不仅对观察对象的基本信息、观察目的和观察情境等都有详细说明，而且对活动中幼儿的语言、表情、行为、动作等都有详细的文字描述，能够帮助观察者了解幼儿的行为模式，据此也可推断幼儿个性、情绪情感等心理特点。

3. 记录资料可以长期保存

轶事记录法的记录资料是一些文字资料，可以被永久保存下来，可以为儿童以后的教师提供大量的关于该儿童发展状况的信息资料。

（二）缺点

1. 易受个人主观倾向的影响

观察者的个人主观倾向会给观察记录资料的真实性带来或多或少的影响。例如，在观察记录之前，教师内心不可避免地会对班级幼儿有一定的判断，当平时一直很守纪律的幼儿有一次违反纪律时，教师有可能自动忽略，只记录该儿童积极的方面，从而影响观察结果的客观性。需要注意的是，当教师倾向于对儿童的消极判断或偏见进行记录时，对儿童的心理会产生消极影响。

2. 事后记录容易遗漏重要信息

轶事记录法需要观察者对幼儿行为进行详细、客观的文字描述，这在行为出现后的短时间内是无法完成的。尤其是作为观察者的教师还需要组织幼儿的教育教学活动，大部分的记录只能在事后完成。观察者靠事后回忆写成的观察记录不可能完全再现幼儿行为，容易遗漏关键信息。

3. 轶事证据只适应于情境之内的人和事

轶事记录法所记录的信息只能用来定义在此情境下的幼儿，不能推广到其他类似的幼儿。比如，你观察到一个4岁孩子使用的单词和句子，不能认为所有4岁孩子都有相同的语言能力。

案例分析

表 2－8　轶事记录法(随机观察)案例一则①

日期:2010 年 3 月 11 日 年级:中班下学期 开始时间:上午 10 点 15 分 结束时间:上午 10 点 25 分 成人数目:2(教师和笔者) 儿童数目:29 观察方法:轶事记录法(随机观察) 情境描述:幼儿园的全部班级刚刚完成一次火灾演习,演习过后,主班老师把小朋友们带回了教室
观察记录: 　　月:地震了! 　　钱:发生就发生了,没办法。 　　月:地震发生了,看不见,也听不见。(头转向观察者)我知道怎样不会发生这种事,(顺手拿起桌上的一本书)我念给你听,找到一样东西,就不会发生了。 　　吴:我的天哪,刚才吓死我了。 　　(老师开始讲刚才火灾演习时该注意什么) 　　月:(继续小声地说)那钢琴怎么办? 鸟窝(小朋友和爸爸妈妈一起做好的鸟窝,挂在教室的屋顶上)怎么办? 　　吴:我掉下去了。 　　月:找个池塘跳下去,但我不会游泳,那不就累死了吗? 　　(老师提醒大家注意听老师的话,大家安静下来)
结论: 　　这是大家在火灾演习过后的小声讨论,孩子们当真了,有的被刚才的演习吓到。显然讨论的内容还有些偏离主题,大家也谈到了地震,围绕灾害各抒己见。月月在讨论中发言最多,她想到求助书本,她担心教室的钢琴和鸟窝,她也想到了自救,并且进一步讨论方法的合理性。
评价: 　　真实的火灾演习,对小朋友们情绪、情感和认知有着很大的触动。他们对演习的内容有着自己的体会,月月在演习过后,想到了要求助书本,虽然书本上并没有相关内容。月月显然混淆了想象和现实,但是查书不失为一个很好的解决途径。月月也很担心教室里的东西,她也想到了如何自救,"跳到池塘里",这个办法显然比求助书本看上去更贴近现实了。在提出这个方法后,月月还在质疑方法的合理性——"不会游泳会不会累死?",显然月月还需要积累日常生活常识:不会游泳跳进深水中很可能会淹死。

　　①　王烨芳.学前儿童行为观察与分析[M].南京:江苏凤凰教育出版社,2012:52－53.

(续表)

建议：

　　让小朋友们充分讨论刚才在演习时的感受，也可以围绕火灾生成一系列活动，比如：哪些情况下会发生火灾；灾害来了，怎么自救，怎样求助，等等。

技能训练

　　1. 阅读以下轶事记录，对记录内容进行分析，区别哪些词汇是客观的，哪些是主观的。

　　观察对象：活动课踢球的幼儿和老师。

　　轶事记录：一群孩子和老师在踢足球，当球传给池亦洋（守门员）的时候，他用手碰了一下球。充当裁判的老师立即吹哨暂停了比赛。但是池亦洋似乎对这样的结果不太满意，看起来他情绪非常激动，并冲老师大喊大叫。老师指出："我是裁判，这场比赛应该听我的。"我认为该幼儿应该知道足球运动员不能用手碰球的规则，他可能太想赢了。就这样，池亦洋和老师争吵了很长时间。最后，该幼儿在老师的耐心教育下慢慢从开始的蛮横、任性态度，逐渐稳定下来。

　　2. 阅读以下轶事记录，首先对比技能训练1中的轶事记录，然后对以下观察记录的客观性和真实性进行评价，最后对案例中幼儿的行为进行分析。

　　午餐时，舒婷走到自己的餐桌前没有拿起勺子吃饭，而是和旁边的小朋友交谈起来。"哎呀，终于吃饭了！你饿不饿？"过了一会儿，她看到同桌的小朋友们都津津有味地吃饭，她也开始吃盘里的食物。可是，她刚吃了两口，又和旁边的小朋友窃窃私语起来。"好香啊！"接着，她又吃了一口饭，趁着用勺子舀饭的时候又和旁边的小朋友说话。"今天的菜我都爱吃，你呢？"忽然，她抬起头，看见一名吃完饭的小朋友离开了座位。这时，她脸上显出焦急的神色，马上低头看看盘里的饭菜，开始大口大口吃起来。①

　　3. 写一个轶事，描述一个假设的、年龄在3—6岁的孩子在社会性发展方面的寻常行为或不寻常行为（二选一）。查阅关于儿童发展的书籍，了解你所选择的这个年龄阶段孩子在社会性发展方面的一般性特点。

　　4. 在实习时用轶事记录法观察一个孩子并记录他（她）的行为。然后结合技能训练3思考：假设的轶事记录怎样才能更接近真实的记录呢？

---

　　① 于冬青，柳剑. 轶事记录法运用下的问题及运用策略研究[J]. 幼儿教育（教育科学），2010（5）：24.

知海拾贝

怎样做好观察记录[①]

1. 让观察更加聚焦

我们承认,观察会让人不堪重负。在观察儿童时,教师会看到和听到太多的东西。找出能够让观察变得更加聚焦的方法,减少观察带来的信息量,会帮助教师决定应该把注意力转向何处。有时候,我们确定的观察焦点具有综合性,有时候则很具体。下面是一些观察的焦点,可供参考。

- 在一段时间内只观察一名儿童;
- 一群儿童;
- 一日生活的某些具体环节、具体活动或者活动室的某些区域;
- 某些技能、儿童早期学习标准、儿童发展的某个领域,如精细运动技能、阅读理解;
- 儿童当前遇到的困难和挑战。

给自己足够的自由,尽可能多地尝试这些让观察变得更聚焦的方法,这有助于教师判断儿童的发展需要并逐渐成为有能力的观察者。我们承认,教师可能需要尝试所有的方法,但不必在同一时间段内同时使用这些方法。

2. 调动所有的感官去观察

要成为一名优秀的观察者,教师需要用眼睛扫视整间活动室,获得对班上所有儿童正在做什么的整体印象。同时,教师还需要密切注意某些儿童在做什么。要通过观察了解每名儿童行为表现的复杂性,仅仅通过看是站不住脚的。除了看,教师每天还需要调动听觉、触觉、嗅觉,甚至是自己的心,去了解每名儿童正在做什么。想象自己和某个或一群孩子待在一起的时候,自己不得不离开一会儿或者必须转身去拿架子上的一些材料,这时你认为自己是在观察儿童吗? 当然是! 因为你在倾听。

第三节 实况详录法

情境导入

汽车能站住了[②]

诗诗来到美工区的材料柜前,盯着大大小小的盒子看了又看,最后拿了一个香皂盒和一个稍微小一点儿的药盒坐到座位上。

---

① 盖伊·格朗兰德,玛琳·詹姆斯. 聚焦式观察:儿童观察、评价与课程设计[M]. 梁慧娟,译. 北京:教育科学出版社,2017:46.
② 王翠肖. 幼儿行为观察与记录精选[M]. 北京:北京交通大学出版社,2017:37.

诗诗把香皂盒放在小药盒上,歪头看了看,又把药盒放在香皂盒上,然后用胶棒把它们粘在一起,双手使劲按住。过了一会儿,她取来一张红色的彩纸,用铅笔画了四个圆形,沿线剪好,用胶棒把剪好的圆形粘在香皂盒两侧(当轱辘)。

她自言自语地说:"我自己做的小汽车,哈哈!"

诗诗把小汽车放在桌上正要给小朋友看时,发现小汽车的轱辘站不住。于是,她用两个手指捏了捏轱辘。她手一松开,轱辘折了。她抬头看着我。我问:"怎么了?"她很快地答道:"是这个纸太软了吧?我要换个硬一点儿的。"我笑了笑说:"那你想一想,什么纸适合做轱辘啊?"她环视了一下美工区,指着酸奶盒说:"硬纸板能做轱辘。"

诗诗拿酸奶盒准备做轱辘。她先在纸板上画圆(这次,她用瓶盖比着画),然后拿起剪刀,一只手剪,剪不动。最后她两只手握住剪刀把,龇牙咧嘴地使劲剪,边剪边皱着眉头嘟囔着:"这么硬,真难剪!"

她看着一旁的材料箱,忽然站了起来,好像发现了什么。她走过去拿起一个香皂盒,用手捏了捏,自言自语道:"这个好像能剪动。"她拿着香皂盒回到座位,画上圆开始剪。"这次容易多了,哈哈!"她得意地笑着。

以上观察记录对诗诗做小汽车轮子的过程刻画得栩栩如生,对诗诗的动作、表情、内心活动和与教师互动的情况都进行了描述,是运用实况详录法对儿童进行观察记录的方法,本节会对实况详录法的定义、运用以及优缺点进行详细阐述。

一、实况详录法的含义

实况详录法又称连续记录法,是指在一段时间内(半个小时、一个小时、半天,甚至更长时间)按照时间顺序尽可能详细、完整地记录发生在自然状态下的所有行为(包括与环境和他人的互动),然后对搜集到的资料进行分析的一种方法。

同日记法、轶事记录法一样,实况详录法也是一种对儿童行为进行文字描述、分析的方法。但三种叙事方法又有明显的不同,与轶事记录法相比,实况详录法对儿童行为的描述更加详细、完整。日记法是对一个观察对象进行的持续的跟踪观察,实况详录法既可以对一个观察对象进行观察,也可以对多个对象进行观察。

二、实况详录法的运用

(一)根据观察目的,选择观察对象

实况详录法要求对观察对象、与观察对象互动的对象以及观察对象所处的环境等进行详细的记录分析,当需要对观察对象进行深入观察时可以选择实况详录法。

(二)依序、详细地记录客观事实

同日记法、轶事记录法一样,实况详录法的记录也要完整、客观和依序进行。实况详录法所记录的内容较多,需要依序进行,便于资料的整理与归类,更有利于分析幼儿行为发展的关系。不同于轶事记录法,实况详录法需要对幼儿的行为进行更加详细的记录,不仅包括对观察对象进行仔细刻画,还需要对观察对象所处的环境以

及与观察对象互动的他人进行叙述。需要注意的是,对环境和互动的他人的叙述是为刻画观察对象服务的,所以简单叙述即可。

由于实况详录法需要对目标幼儿的所有行为进行记录,仅仅用笔记录难度较大,建议使用录音、录像等设备,帮助观察者事后回忆记录。

(三) 分析幼儿行为,尝试提出指导性建议

对儿童进行观察记录的目的是为了加深对他们的了解,在了解的基础上才能为每个儿童提出个性化的教育方案,促进每个儿童在原有水平上的进步。实况详录法要求对儿童行为进行详细记录,然后在此基础上对幼儿行为进行分析,并提出指导性建议,为教师的教育教学提供指导。

三、实况详录法的优缺点

(一) 优点

1. 在自然情境下进行即可

实况详录法是在一段时间内对目标幼儿在自然状态下的所有行为进行文字描述的一种方法,观察者事先不需要接受严格的训练,不需要严格控制的观察情境,不需要事先制定复杂的观察表格和观察工具。只要观察者能够有观察的条件即可,是一种简单、方便的观察方法。

2. 观察记录资料翔实,可永久保存

与轶事记录法相比,实况详录法记录的资料更加翔实,观察记录个仅包括观察对象自身,还包括观察对象与他人互动所说的每一句话、做的每一件事,观察对象所处的环境等。实况详录法对观察对象的行为刻画更加完整、形象,对幼儿行为的细节都能一一呈现,且可以永久保存。

3. 搜集到的资料可做定性分析,也可做定量分析

实况详录法的记录资料完整、翔实,可以对幼儿的行为进行定性分析,也可做定量分析。例如,实况详录法把观察对象所说的每一句话都进行了记录,可以据此分析幼儿语言发展的特点,也可对幼儿所使用语言的实词和虚词的数量、频次等进行统计。

(二) 缺点

1. 观察者需要花费大量的时间和精力

实况详录法需要对观察对象的一言一行、一颦一笑进行详细记录,还需要对观察对象所处的环境、与观察对象互动的他人进行记录。一次观察、记录、分析就要花费大量的时间和精力,而且所获得的资料仅能用来分析观察对象在当前背景下的行为,分析结果既不能推广到观察对象的其他行为,也不能推广到其他观察对象。

2. 对观察者的观察能力、速记能力是一个极大的挑战

实况详录法对观察者的观察能力、速记能力都是一个极大的挑战,行为的发生过

程可能只要简单的几分钟,但要把几分钟的行为描述清楚可能需要几十分钟的时间,实况详录法对观察对象的观察不是简单的几分钟,而要持续一段时间。尤其是当观察对象不是一个儿童,而是儿童集体时,如果只有一个观察者进行观察,难度会更大。

3. 后期分析资料的难度大

对大量的文字描述资料进行分析,需要观察者首先对资料进行分类整理,还要进行编码分析,这对观察者来说是一个很大的难题。

案例分析

实况详录法案例一则:娃娃家风波①

观察时间:2011 年 5 月 19 日

观察者:侯素雯(旁观者)

观察目标:了解中班幼儿与同伴发生冲突时的行为表现

观察对象:佳佳(女)、潘潘(男)、因因(女)、小鱼(女)、带班教师王老师

幼儿背景介绍:

佳佳:个性非常强的女孩,很强势,她想得到的东西一定要得到。

潘潘:中班才开始进入幼儿园,规则意识较薄弱,会因为各种事情向老师告状。

小鱼:小班时由于声带发育不成熟不太能说话,进入中班虽愿意说话,但是每次说话要用很大的声音说,渐渐地有些幼儿不愿和她一起玩,觉得她太凶了。

观察方法:实况记录法

场景描述:

角色游戏马上就要开始了,老师先询问幼儿每个角色游戏活动区需要的人数,并选定一个小组长。(角色区包括:医院 2 人;机舱 4 人;花店 2 人;娃娃家 3 人;理发店 2 人)当教师选完组长后,组长们迅速站到相应的角色游戏区,同时其他孩子迅速涌向自己想玩的游戏区旁。

实况记录:

在娃娃家中,一下子来了七八个幼儿。不一会儿佳佳就自封为妈妈,她又迅速安排了丁丁和因因充当娃娃家中的爸爸和宝宝。三人迅速把娃娃家的大门竖了起来,佳佳说:"娃娃家还没有开放,谁都不能进来。"其他幼儿纷纷离开娃娃家,只有潘潘和小鱼还继续留在娃娃家中。

一会儿,潘潘跑到老师面前说:"王老师,我想做爸爸。"

王老师:"那你们自己商量。"

潘潘听了,迅速走回娃娃家,他大声和丁丁说:"我们来玩剪刀石头布吧。谁赢了,谁就做爸爸。"

丁丁爽快地答应了。三局过后,潘潘赢得了胜利,但丁丁却仍不肯放弃自己爸爸

① 侯素雯,林建华.幼儿行为观察与指导这样做[M].上海:华东师范大学出版社,2014:22-23.

的角色,留在娃娃家中,一场僵持就此展开。

丁丁没有办法,对作为妈妈的佳佳说:"妈妈,潘潘要当爸爸。"

佳佳走了过来说:"丁丁是爸爸。"

潘潘:"可是我们剪刀石头布,他输了,应该我做爸爸。"

佳佳:"我没有看到你们剪刀石头布。"

僵持还在继续,两个男孩谁也不肯让步。

佳佳见状,说:"我们叫警察,把他(指的是潘潘)抓走。"

不一会儿,警察来了,在众人的推搡和警察的帮助下,潘潘被轰出了娃娃家。

在关于谁做爸爸的争执进行的同时,另一场谁做宝宝的争吵也在进行着。

小鱼之前恳求妈妈让她做宝宝,但作为妈妈的佳佳早已有了自己心目中的宝宝因因,任凭小鱼说什么都不为所动。

小鱼急了,大声说:"我要做宝宝。"

佳佳还是不理不睬。小鱼没有办法只得走出娃娃家。

正巧王老师走过娃娃家,小鱼见到王老师,大哭起来:"我要做宝宝,他们不让我在娃娃家。"

潘潘也在不远处抹着眼泪。

王老师把小鱼带到一旁,温和地对他说:"你做不成宝宝可以做娃娃家的客人呀。客人到你家玩时,都带些什么呀? 我们一起去超市买些东西再来娃娃家做客人好吗?"

小鱼仍在哭泣,一边大声说:"我不要在娃娃家玩了!"

于是,王老师拉着小鱼的手来到了理发店。这里理发师安迪正一个人坐在椅子上等待着客人的到来。

王老师对安迪说:"安迪,来客人了,你怎么招呼客人呀?"

安迪连忙从座位上起来,把位置让给了小鱼,还帮小鱼弄起了发型。

小鱼仍在抽泣,似乎没有从悲伤的情绪中走出来。

而此时的潘潘却又回到了娃娃家,与之前不同的是,他不再执着于当爸爸,而是做起了小客人。

这则实况记录提供了幼儿此次游戏行为的详尽信息。从中我们可以了解游戏时冲突产生的原因,不同立场的幼儿是如何捍卫、争取自己的游戏权利。同时,我们还可以了解到幼儿在被排斥的情况下不同的应对策略。

技能训练

1. 看综艺节目《四岁小孩的秘密生活》2017 年 10 月 17 日第一期"萌娃初进幼儿园状态百出",分成两个小组,一组运用实况详录法进行观察记录,另一组运用轶事记录法进行观察记录,记录结束后请每个小组派代表分享自己的观察记录,分享结束后自由讨论以下问题:

(1) 轶事记录法和实况详录法在使用时容易出现的问题;

（2）两种观察记录方法各自的优势及异同点。

2. 利用实习的机会，选取某个时间段（半个小时或者一个小时），利用实况详录法对幼儿进行观察，并做好记录与分析。实习结束后上交观察记录，并组织讨论。

知海拾贝

实况详录法在教育心理学、发展心理学等很多领域都有所应用。例如，为研究课堂上师生之间的互动行为，可以对教学过程进行实况录像，留待日后分析。再如儿童心理学专家陈会昌曾经长期对婴幼儿的气质、依恋发展进行追踪研究，收集资料的主要方法就是观察法，包括做了大量的实况详录工作。除了对儿童在家庭中和父母的自由游戏、在幼儿园的自由游戏以及小学在课外活动中的同伴游戏进行自然观察外，他还多次在实验室里进行录像实录观察。他们采用了"陌生情境"的研究程序，让一个婴儿或幼儿与母亲一起进入一个不熟悉的房间（也就是观察室），研究者在40～60分钟时间里不断变换陌生人和新奇的玩具，观察儿童对陌生人、陌生事物和情境的反应。其观察室装备有可以快速转动的摄像机，一面墙上装有大镜子，这样可以保证在任何时候、任何情况下都能拍摄下儿童在观察室任何角落的行为。

视频观察

儿童行为视频

观察要求：请用实况详录法对视频中的儿童行为进行观察记录。

要点提示：实况详录法要求客观详实地记录儿童行为。如下：

小女孩手里握着装有花种子的袋子对小男孩说："我不喜欢你哭哭啼啼地在我后边追着。"

小男孩手指了一下小女孩大声说："你闭嘴！"然后哭着说："你都拿了这么久了！"

小女孩说："你先冷静下来。"

小男孩边伸手去抢边说："现在就给我，现在就给我。"

这时，老师介入说："刚才MOKO（小女孩）说了一句非常重要的话，我都觉得很意外，MOKO你再说一遍，刚刚先什么下来？"

小男孩继续呜咽，小女孩说："等你冷静下来，我才想和你商量。"

老师说："哇，我觉得这句话……"

没等老师说完，小男孩呜咽着对老师说："我要回教室坐着。"

老师问小男孩："你想要去'冷静太空'吗？"

小男孩向老师点点头说："是的。"

老师说："拿着,咱们走,我们陪他去'冷静太空'冷静一下。"

三个人走向'冷静太空'。

老师说："只有需要、有情绪的人才进去哦,没有情绪的人,我们得在门口等着他。"

小男孩到'冷静太空'里拿了一支笔在蓝色的卡纸上画了一个人头(头发蓬乱的样子)。

老师说："我都开心起来了,PINO(小男孩)你开心起来了吗?"

小男孩将画好的卡纸折起来扔进纸筒。

老师说："嗯,好了,冷静下来没? 哥哥(小男孩)! 好吗? 商量吗现在?"

小女孩面带微笑朝向小男孩,小男孩低着头手抚额头,也带着微笑。

老师说："走吧,好,现在都冷静了。"

三个人来到室外场地上。

老师说："商量一下,怎么拿这个东西(装有花种子的袋子)?"

两人异口同声说:"要不我们一人提一边。"说着小女孩将袋子的一角递给小男孩。

老师说："要不什么? 一个人提一点,哇,这真是一个绝好的办法耶!"

小男孩一边提着袋子一边笑着说:"这也太难了吧!"

两人合提着袋子笑着离开了。

第三章　儿童行为观察和记录取样的方法

本章概要

本章主要介绍儿童行为观察与记录方法中的取样法,要求了解两种取样方法的概念及优缺点,掌握两种取样方法的具体运用过程,知道观察记录的构成要素。能够运用两种取样方法对幼儿的目标行为进行观察和记录,并能结合《指南》分析解读幼儿行为,进而提出合理化建议,促进幼儿发展。要将理论与实践相结合,充分利用观察这一基本技能,提高分析理解幼儿的能力,做好支持者、引导者。具体如下:

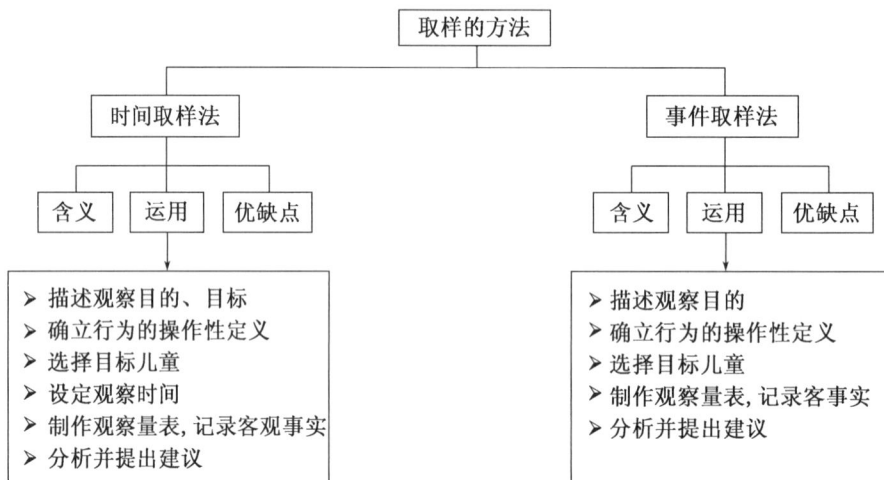

```
                        取样的方法
            ┌───────────────┴───────────────┐
        时间取样法                        事件取样法
    ┌──────┼──────┐                  ┌──────┼──────┐
   含义   运用  优缺点              含义   运用  优缺点
    │                                 │
```

时间取样法	事件取样法
➤ 描述观察目的、目标 ➤ 确立行为的操作性定义 ➤ 选择目标儿童 ➤ 设定观察时间 ➤ 制作观察量表,记录客观事实 ➤ 分析并提出建议	➤ 描述观察目的 ➤ 确立行为的操作性定义 ➤ 选择目标儿童 ➤ 制作观察量表,记录客事实 ➤ 分析并提出建议

第一节　时间取样法

情境导入

很多幼儿园教师普遍采用叙事法的方式来记录幼儿的行为,但这种方法耗费大量时间和精力,容易受主观偏见的影响,有时还会因教师既是观察者又是施教者,来不及记录信息导致事后遗漏。那有没有什么别的方法可以弥补叙事法的不足,以便用于平时的幼儿观察与研究中,服务于教学实践,从而更好地提高教师的专业水平呢?

一、时间取样法的含义

时间取样法是以一定的时间间隔为取样标准来观察预先确定的行为是否出现以及出现次数的一种观察方法。通常适用于观察较常出现或出现频率较高的行为,可以用来观察一个或一个以上幼儿的行为表现。例如,观察记录幼儿的哭泣行为,也可以记录幼儿的口吃行为或者幼儿的合作游戏行为等。这些行为出现的频率较高,并且易于观察。观察者可用时间取样法获得资料,统计幼儿出现该目标行为的次数或频率,为进一步分析解释做好准备。这是一种量化的资料统计过程。

使用时间取样时,时间间隔有两种:一种是规律性间隔,另一种是随机性间隔。规律性间隔是指在预先设定的固定时间间隔内观察目标行为,例如每次以观察 30 秒、记录 30 秒的时间间隔方式进行观察;也可以每五分钟观察一次。而随机性间隔是指,随机地选取观察时段,并以相同时间观察目标行为,例如在一小时内,随机选取任何一分钟观察目标行为,一天内观察次数不等,连续观察目标行为数周或数月。[①]

案例分析

对小班幼儿"哭泣"行为及其发生频率的观察

新学期小三班的孙老师发现刚入园的幼儿常常会哭,频率非常高,于是她准备在上午 9:30 到 10:00 之间(主要是集体教学活动时间),观察 6 名幼儿的哭泣行为及其发生的频率。观察时间一共 30 分钟,平均每名幼儿将被观察 5 分钟。为了使观察结果更加准确和具有代表性,孙老师准备在一周内反复这个观察过程三次,观察的情境扩展到日常生活和游戏活动中。这样观察结束后,每名幼儿一共有三次、每次 5 分钟的观察记录,分别是在集中教学活动、日常生活活动和游戏活动三种情境下记录的。

从上述案例可以看出,时间取样法包含两个重点:第一,预先确定行为目标,寻找目标幼儿行为中某些特定的、具有典型性和代表性的行为——小班幼儿的哭泣行为。第二,确定观察时间间隔。每人三次,一次 5 分钟。将在一定范围内(6 名幼儿,每人三次、每次 5 分钟)抽取的部分对象看作该类对象总体的一个样本。理论上讲,若抽取充分多的时段,并能够代表不同的活动类型中的时段,那么所观察到的行为就可以代表目标幼儿的一般行为,即具有代表性的行为,所获得的观察结果将会更加准确。

二、时间取样法的运用

(一) 描述观察目的、目标

观察目的就是对于"为什么要观察"的回答。观察目的应该列出观察者想要了解探

---

①　蔡春美,洪福财.幼儿行为观察与记录[M].上海:华东师范大学出版社,2013:61-62.

究的发展领域,是比较宽泛的,不同于具体的观察目标。在观察目的中通常对幼儿的年龄有明确的规定,如一个刚满 3 岁的幼儿与一个 3 岁 6 个月的幼儿各方面发展有很大差异,观察目标也要有所不同。以下两个例子分别给出了同一个观察活动的目的与目标。

案例一:

观察目的:观察一群 3—4 岁幼儿的身体动作技能。

观察目标:鉴别和记录幼儿以下方面的能力:

原地双脚跳;

单脚跳;

骑三轮自行车;

走平衡木;

踢球。

案例二:

观察目的:观察带班老师与一位 4 岁幼儿的交流。

观察目标:鉴别该名幼儿倾听一个简单要求的能力;

鉴别该名幼儿执行一个简单要求的能力。

(二)确定行为的操作性定义

所谓操作性定义是观察者依据观察目的所需,将必须观察或者测查的行为做出清楚、详尽的说明和规定,确定观测指标。清楚、详尽的操作性定义可以让运用同一观察计划的不同观察者能够使用同一个行为标准对幼儿的目标行为进行观察,从而提高观察的信度和效度。[①] 同时,具体明确的操作性定义也可以让阅读观察记录的人了解行为标准,特别是幼儿园教师和家长沟通时,也能让家长在同一准则下解释幼儿的行为表现,了解幼儿现阶段的发展。

例如,帕顿根据幼儿社会性发展水平,把游戏分为六种,并给出了操作性定义,见表 3-1。

表 3-1　帕顿六类游戏的操作性定义[②]

类别	操作性定义
无所事事	幼儿没有参与任何明显的游戏活动或社会互动,只是看一看此时感兴趣的事情。当没有自己感兴趣的事情时,他就会玩玩自己的身体,到处晃悠,跟着老师走来走去或坐在某个固定的位置上,四处张望。
旁观行为	幼儿基本上在观看别的幼儿游戏。可能与那些幼儿说话,问问题,或提供某种建议,但不参与他们的游戏。始终站在其他幼儿身旁,以便于听见他们说话,了解他们玩的情况。与无所事事的幼儿的区别在于,旁观幼儿对某一组(或几组)同伴的活动有固定的兴趣,不像前者对所有的组都不产生兴趣,一直处于游离状态。

① 杨丽珠.取样观察法——观察法(一)[J].山东教育,1999(15).

② 沃伦 R.本特森.观察儿童:儿童行为观察记录指南[M].于开莲,等译.北京:人民教育出版社,2009:99-100,有改动.

类别	操作性定义
独自游戏	幼儿自己独自及独立玩玩具,所玩的玩具和其他周围附近的小孩不同,也不会刻意地想去接近其他小朋友,他只做自己的事,而不管别人在做什么。
平行游戏	幼儿能在同一处玩,也有别人在旁玩同样的玩具游戏,但各自玩各自的游戏,既不影响他人,也不受他人影响,互不干涉。因此,幼儿只是在其他幼儿旁边玩,而不是和其他幼儿一起玩。
联合游戏	幼儿与其他幼儿一起游戏,互相分享材料和设备,一些幼儿可能跟随其他幼儿走来走去。幼儿只是参加一些相似的而不是完全相同的活动,没有明确的组织分工。每个幼儿都是在做自己想做的事情,没有把小组利益放在第一位。
合作游戏	幼儿在一个小组中游戏,小组有特定的目的,制作某些物质产品,实现某些竞争目标,或玩一些正式的规则游戏。幼儿具有"我们"的意识,十分明确自己属于某一组而不属于另一组。小组还会有一两个领导,指导其他人的活动。同时需要进行分工,小组成员各自承担不同的责任,一个小组成员在努力工作时,其他小组成员都要给予支持。

(三) 选择目标儿童

观察对象必须根据观察目的及幼儿发展的理论来选择能代表目标行为的样本。如想要观察幼儿合作的行为,应选择 4 岁以上幼儿,可以根据《指南》社会领域的相关描述"4—5 岁的幼儿与同伴发生冲突时,能在他人帮助下和平解决","对大家都喜欢的东西能轮流、分享","5—6 岁幼儿活动时能与同伴分工合作,遇到困难能一起克服"等进行选择。

(四) 设定观察时间

观察时间必须依照观察目的而定。一般包括观察的时距、时间间隔、观察频率及观察期程,即要求每隔一定的时间,按某种选定的时段,进行一段时间的观察。

观察时距是指一次观察时间的长短。在观察记录中,时距的长度接近于每一个单一行为发生的最小时间。一般来说,最普遍的时距是五分钟或者更短的时间,时距的设定是根据行为持续程度、记录的复杂程度及观察的疲劳程度等因素来决定的。观察间隔就是指时距和时距之间的间隔时间。一般根据时距长度、观察对象的数目及所要记录的细节总数决定。观察期程是由几段观察时距所构成的一段较长的观察时间。例如,观察 3 岁幼儿的注意力情况,教师设定一分钟的时距(40 秒观察,20 秒记录),连续观察幼儿 20 分钟的观察期程,则获得 20 个注意力的行为表现,时间间隔就是 1 分钟。

(五) 制作观察量表,记录客观事实

观察记录量表尽量做到具体、明确、结构化、易于操作,这就要求观察者具备一定的设计技巧和能力。例如,表 3 - 2 是丁老师用于观察朵朵的游戏情况,来了解她的社会行为表现的观察记录表。

表 3-2　时间取样的观察记录①

幼儿姓名:朵朵　　年龄:4 岁　　　性别:女　　　观察者:丁老师

观察目的:游戏情况　　　　　　　　观察目标:社会行为

	无所事事	旁观	独自	平行	联合	合作
9:00—9:01					1 次,50 s	
9:01—9:02				1 次,60 s		
9:02—9:03			1 次,30 s		1 次,30 s	
9:03—9:04					1 次,30 s	1 次,30 s
9:04—9:05				1 次,30 s 1 次,20 s		
……						
9:09—9:10					1 次,30 s 1 次,20 s	
合计	0 s	0 s	30 s	2 min 30 s	4 min 40 s	1 min 10 s

　　也可以采用检核的方式,即检查核对目标行为是否出现、出现频率怎么样,只要出现就做一个标记,可以打"√",也可以画"正"字。例如,表 3-3 是黄老师用于对豆豆入园哭泣行为的记录表,通过简单的观察记录就可以了解豆豆的入园适应情况。

表 3-3　入园哭泣行为的记录表②

幼儿姓名:豆豆　　年龄:3 岁 7 个月　　　性别:女　　　观察者:黄老师

观察目的:入园的适应情况　　　　　　　观察目标:哭泣行为

时间段	日期	开始记录	结束记录	行为是否发生	备注
1	3 月 15 日	上午 9:00	上午 9:10	√	
2	3 月 15 日	下午 3:00	下午 3:10	√	
3	3 月 16 日	上午 9:00	上午 9:10	√	
4	3 月 16 日	下午 3:00	下午 3:10	√	
5	3 月 17 日	上午 9:00	上午 9:10	√	
6	3 月 17 日	下午 3:00	下午 3:10	√	

　　还可以采用计数的方式,被观察行为出现几次,就记录几次。例如,表 3-4 运用了计数方式记录幼儿在游戏活动中的合作行为。

---

① 蔡春美,洪福财. 幼儿行为观察与记录[M].上海:华东师范大学出版社,2013:61-62.

② 选自连云港某幼儿园教师观察记录。

表 3－4　一个已经完成了的假想的社会性和游戏行为时间抽样记录①

行为	观察时段							
	1	2	3	4	5	6	7	8
与同伴友好合作	①			④	⑤			
不与同伴友好合作			③					
表现出好交往、友好的行为		②			⑤			
表现出攻击性行为				③				
表现出独立的行为		②						
表现出依赖行为				④				
发起与同伴的游戏活动——扮演领导角色	①				⑤			
扮演跟随者角色				④				
看起来受很多同伴喜欢——受欢迎型的	①	②		④	⑤			
看起来不被喜欢或不受欢迎			③					

注：选定时间间隔为观察 3 分钟，记录 1 分钟，等待 30 秒再观察下一个幼儿。

被观察的幼儿：① 张晨；② 袁敏；③ 王强；④ 李倩；⑤ 赵蔓……

（六）分析并提出建议

通过观察记录,研究者或者幼儿园教师就会了解幼儿当前发展水平处于什么阶段,便于我们与这一年龄阶段群体应当达到的普遍水平进行分析比较,从而设计能够引导幼儿继续向前发展的各种活动。例如,可以参照学前儿童发展心理学的相关理论、《指南》各领域的具体目标等进行分析与评价,并发挥教师观察者、支持者、引导者的角色,结合家园共育,共同促进幼儿的发展。

例如,从表 3－3 的小班幼儿哭泣的行为观察记录,可得知豆豆在幼儿园的哭泣行为还是比较多的,对于一个 3 岁 7 个月的小班幼儿来说,是比较常见的现象。但是仅仅通过观察记录表我们无法知道引起豆豆哭泣的原因,每一次哭泣的原因是否一样,这也正是时间取样法的不足之处,因而要想更好地帮助豆豆不再哭泣,需要教师的询问,需要家长的配合,真正帮助豆豆快乐入园。

---

① 沃伦 R. 本特森. 观察儿童:儿童行为观察记录指南[M]. 于开莲,等译. 北京:人民教育出版社,2009,107,有改动.

案例分析

表 3-5 朵朵游戏情况的观察记录

幼儿姓名:朵朵　　　　　　年龄:4 岁　　　　　　　　　　　性别:女
观察目的:游戏情况　　　　　　　　　　　　　　观察目标:社会行为
开始时间:9:00　　结束时间:9:10　　观察者:丁老师　　观察地点:积木区

幼儿在游戏中行为的社会参与性分类:
A. 无所事事　B. 旁观　C. 单独游戏　D. 平行游戏　E. 联合游戏　F. 合作游戏

操作性定义:

无所事事:幼儿未做任何游戏活动,也没与他人交往,只是随意观望,或走来走去、东张西望。

旁观:基本上在观看别的幼儿游戏,有时凑上来与正在游戏的幼儿说话、提问题、出主意,但自己不直接参与游戏。

单独游戏:幼儿独自一个人游戏,只专注于自己的活动,根本不注意别人在干什么。

平行游戏:幼儿能在一处玩,但各自玩各自的游戏,既不影响他人,也不受他人影响,互不干涉。

联合游戏:幼儿能在一起玩同样的或类似的游戏,互相追随,但没有组织和分工,每个人做自己想做的事情。

合作游戏:幼儿为某种目的组织在一起游戏,有领导、有组织、有分工,每个幼儿承担一定的角色任务,并互相帮助。

	无所事事	旁观	独自	平行	联合	合作
9:00—9:01					1 次,50 s	
9:01—9:02				1 次,60 s		
9:02—9:03			1 次,30 s		1 次,30 s	
9:03—9:04					1 次,30 s	1 次,30 s
9:04—9:05				1 次,30 s 1 次,20 s		
9:05—9:06				1 次,40 s	1 次,20 s	
9:06—9:07					1 次,30 s 1 次,20 s	
9:07—9:08						1 次,40 s
9:08—9:09					1 次,20 s 1 次,30 s	
9:09—9:10					1 次,20 s 1 次,30 s	
合计 (分秒)	0 s	0 s	30 s	2 min 30 s	4 min 40 s	1 min 10 s

标识: 1 次表示该时距内目标行为出现 1 次;50 s 表示该目标行为持续 50 s。

分析:
朵朵的"联合游戏"时间最多,共 4 分 40 秒;其次是"平行游戏",2 分 30 秒;"独自游戏"与"合作游戏"较少,分别是 30 秒和 1 分 10 秒;而"无所事事"和"旁观游戏"并没有出现。可见,朵朵在区域活动中多以"联合游戏"和"平行游戏"为主。 　　在积木区,朵朵能够和同伴一起搭积木,搭建过程中两个人有交谈,也有互相借材料,但彼此之间合作分工不明显。

评价:
中班幼儿初步具备与同伴合作分工、共同游戏的意识,但因为缺乏交往的技能和技巧,使得游戏依然是以"联合游戏"为主。

建议:
教师可以多开展一些主题活动,或者多提供一些合作的游戏项目或材料,创造条件促进幼儿的合作意识和行为的发生。

此案例首先对目标行为进行了界定,选取 1 分钟作为取样标准,对朵朵的游戏行为进行观察。通过观察得出了朵朵游戏中社会行为的表现是以"联合游戏"和"平行游戏"为主。教师又借助《指南》社会领域的典型行为表现及中班幼儿的年龄特点,分析朵朵的游戏行为,并打算在日后以支持者与引导者的角色,在朵朵已经具备合作分工意识的情况下,通过多种活动来进一步促进朵朵社会交往技能与技巧的发展,以便更好地促进朵朵的发展。

此观察记录条理清楚,观察要素完整,并能结合幼儿年龄特点提出合理化建议,是一篇非常不错的观察记录案例。

三、时间取样法的优缺点

(一) 优点

1. 便于获得充足的代表性的样本

时间取样法所观察的目标行为和所需的时间都是事先设定好的,再加上事先设计好的记录表,方便了观察者较快捷地搜集记录资料。尤其是在对一群幼儿进行观察时,它的经济高效更为突出。同时,正是由于观察前明确了各类行为的操作性定义,这就在很大程度上避免了观察者在行为判断上的模棱两可,保证了不同观察者对于行为目标的一致性和客观性,提高获取资料的信度。

2. 省时、省力,较为灵活多样

可以运用事先设计好的观察记录表格,同时观察多名幼儿,能够提供与量有关的结果,进行统计分析,省时、省力。时间取样法还能结合不同的记录方法,例如,它可以同时使用符号记录和描述性记录的方法,较为灵活多样。

(二) 缺点

1. 观察准备工作耗时耗力

时间取样法在观察实施前,需要做很多准备性工作,如确定观察行为的操作性定义、设计观察程序、设计观察时间、制作观察记录表等,因此,观察的前期工作耗费了较多的时间和精力。

2. 适用范围小,无法了解行为发生的来龙去脉

时间取样法所观察的行为往往是事先设定好的典型的、具有代表性的、发生频率高的行为,例如每15分钟至少发生一次的行为。而幼儿各种行为发生的频率是不相同的,有时高一些,有时低一些,如交往行为、攻击性行为、吸吮手指等。运用符号记录表也只能获取行为的频次资料,无法保留行为发生时的背景信息、行为随时间的变化、行为之间的因果关系等,这就会导致对幼儿整体行为系统信息的缺失与偏差。

技 能 训 练

1. 若要观察一个4岁幼儿在园的生活自理能力,请结合《指南》制定具体的行为指标。

训练目的:掌握根据观察目的如何确定观察目标。

训练要求:结合《指南》的领域目标,具体到典型行为表现来设计行为具体观测指标。

2. 根据技能训练1,尝试制作一个观察记录表。

训练目的:结合实践,运用所学理论尝试制作观察记录表。

训练要求:根据目标儿童的年龄特点和行为目标选择适宜的观察时间进行观察。

知海拾贝

儿童发展里程碑(节选)

	2—3岁	3岁	4岁	5岁
语言和沟通	能够组词	词汇量稳步增加,运用至少包含3—4个词的句子表达自己的愿望和需要	和他人谈论自己的认识、经验和收获(在小组或集体活动中)	使用复杂的句子,毫无困难地使用词汇表达自己的绝大多数愿望、需要和期望
	听短小的故事,参加一对一讲故事活动及小组讲故事活动	开始倾听,能够听别人讲话	倾听他人并努力参与其中	主动参与与他人的交谈,聚精会神、耐心地听别人讲话
	口头词汇量达到200个	学习围绕词汇进行简单的手指游戏,有节奏地唱歌,进行带有词汇重复和手部动作的活动	复述含有多个步骤的指导语	听懂含有多个步骤的指导语和要求
	用声音和词汇进行角色游戏	讲简单的故事,但常常只讲自己喜欢的那部分	按顺序复述故事的基本情节	背诵和回忆诗歌、歌曲、故事和电影情节的发生顺序,把它们表演出来

（续表）

	2—3 岁	3 岁	4 岁	5 岁
使用复合句			使用一些方位词,如在……下面、在……之上、在……上面	使用方位词,如在……下面、在……之上、在……上面
叙述一天中发生的事情				
使用形容词和副词				

注:摘自《聚焦式幼儿成长档案:幼儿完全评估手册》。

第二节 事件取样法

情境导入

王老师是刚入职的新老师,她最头疼的就是做观察记录,主班老师建议她先抓住一个目标行为进行观察。最近一周她发现中二班的几个孩子在玩建构游戏时,抢玩具的现象时有发生。她认真地观察并记录了三天,发现记录的原因各有不同,和别的老师交流发现记录的结果不尽相同,这下她更困惑了。为什么观察同样的孩子,观察结果差别如此之大?

一、事件取样法的含义

事件取样法是以选定的行为或事件的发生作为取样标准,对目标行为进行观察记录的一种方法。也就是说,是在自然背景下,等待所要观察的行为出现,当行为出现后立即记录下来。记录可以采用符号系统的记录方式,当事件发生时以代码迅速记录;也可以根据需要,采用叙事描述的记录方式,将行为或事件发生的背景、原因、变化、结果等内容记录下来。根据观察者的观察目的,利用事件取样来获得目标行为发生的频率、持续时间,以及行为产生的原因、发展、结果等。运用事件取样法最著名的例子是达维(Helen C. Dawe)对幼儿争执事件的研究。

案例分析

幼儿争执事件的研究①

本研究是对幼儿园幼儿在自由活动时间内自发产生的争执事件进行观察记录,观察对象为40名2—5岁的幼儿,其中男孩19人,女孩21人。观察过程是等待争执事件的发生,一旦发生争执事件,使用秒表计时,一直到行为停止。与此同时,按照事先拟定好的观察记录内容填写观察记录表(见表3-6)。观察记录表包括以下几个方面的内容:① 争执者的姓名、年龄、性别;② 争执持续的时间;③ 争执发生的背景、起因;④ 争执什么(玩具、领导权);⑤ 争执者所扮演的角色(侵犯者、报复者、反抗者、被动接受者);⑥ 争执时的特殊言语和动作;⑦ 结局如何(被迫让步、自愿让步、和解、由其他幼儿干预解决、由教师干预解决);⑧ 后果与影响(高兴、愤恨、不满等)。

在记录中要尽可能正确地记下整个对话。观察者还对所要研究的行为做出详细的操作性定义。

达维经过三个多月、58.75个小时的观察,共记录了争执事件200例,发现在这200例争执事件中,有68例发生在室外,132例发生在室内;平均每小时发生争执事件3—4次;争执事件持续1分钟以上的只有13例;平均争执持续时间不到24秒;室内争执持续时间比室外争执持续时间短;男童争执多于女童,攻击性水平也高于女童;争执常发生在不同年龄组、相同性别的幼儿之间;随年龄增长争执事件减少,侵犯性质增强;几乎所有的争执都伴有动作,如冲击、推拉等;争执中,偶尔有大声地喊叫或哭泣,但无声争执占大多数;导致争执发生的原因往往是对占有物品(所有权)的不同意见;大多数争执自行平息,往往是年幼幼儿被迫服从年长幼儿,或年长幼儿自愿退出争执;争执平息后,很快恢复常态,无耿耿于怀、愤恨的征候。

表3-6 幼儿争执事件记录表②

姓名	年龄	性别	争执持续时间	发生背景、起因	争执什么(玩具、领导权)	争执者所扮演的角色(侵犯者、报复者、反抗者、被动接受者)	争执时的特殊言语或动作	结局(被迫让步、自愿让步、和解、由其他幼儿干预解决、由教师干预解决)	后果与影响(高兴、愤恨、不满等)

在事件取样法中所说的事件,是指可以归类于某个特殊范围的一些行为。上例

---

① 施燕,韩春红.学前儿童行为观察[M].上海:华东师范大学出版社,2011:61.

② 施燕,韩春红.学前儿童行为观察[M].上海:华东师范大学出版社,2011:53.

中的争执是一种事情,吵架也是一种事件。吵架这一事件是由一些特殊的、可观察的行为现象所构成的,如大声说话、特定的脸部表情、争抢玩具等。在观察过程中,观察者必须首先判定所观察到的这些行为,是否属于吵架事件,如果是就记录,如果不是就不记录。事件取样法的重点在"事件",它只选择某一特定的事件作为记录的对象,只要事件一出现,无论是谁,在哪个地点,都要记录。

　　用叙事描述方式进行事件取样的记录时,须直接切入与观察主题相关的主题行为,并用文字描述事件发生的来龙去脉及其前因后果。叙事描述方式非常翔实且具体,有利于对行为做深入的剖析并提出适当的解决策略。叙事描述记录的方式可依据观察者的习惯或记录分析的便利性,对格式内容进行调整。

案例分析

　　5月5日区角活动时,尹珊左看右看,最后选择了阅读角,阅读角内已有五名幼儿,尹珊是最后一个进入阅读角的。尹珊走到书架前,将书架里的绘本一一拿起又放下。尹珊这样重复了好几次,仍然没有选中任何一本书。于是尹珊转了个身,看到坐在一旁的于欣手上的绘本,便伸出手将它拿了过来。于欣立刻站了起来,将尹珊手上的书抢了回来,不一会儿,尹珊又抢了过去。

　　于欣跑到老师处告状,说:"老师,尹珊抢我的书!"老师回问于欣:"为什么尹珊会抢你的书呢?"于欣回答:"我也不知道,我在阅读角看书,尹珊走过来就把我在看的书抢走了!"老师回答:"是这样呀! 你可以帮我请尹珊过来,我来问她为什么要抢你在看的书。"于欣答:"好!"她走向阅读角的尹珊,然后对尹珊说:"尹珊,老师找你。"尹珊不理会于欣的话,继续看着从于欣手上拿来的绘本。于欣重复一次:"尹珊,老师找你。"尹珊仍然没有回应于欣的话,继续看着手上的书。于欣就又跑到老师处,说:"老师,我跟尹珊说老师找她,可是她都不理,也不回答我,然后一直看我的那本书。"老师回答于欣说:"是这样呀,那我过去问她!"于是老师起身走向阅读角的尹珊,于欣跟随在后。

观察主题:幼儿告状行为　　　　　　　　观察日期:2016 年 5 月 5 日

观察者:李老师　　　　　　　　　　　　观察时间:10:10

示例 1

时间	10:00—10:50
事件描述	区角活动时,尹珊左看右看,最后选择了阅读角,阅读角内已有五名幼儿,尹珊是最后一个进入阅读角的。尹珊走到书架前,将书架里的绘本一一拿起又放下。尹珊这样重复了好几次,仍然没有选中任何一本书。于是尹珊转了个身,看到坐在一旁的于欣手上的绘本,便伸出手将它拿了过来。于欣立刻站了起来,将尹珊手上的书抢了回来,不一会儿,尹珊又抢了过去。 　　…… 　　于欣就又跑到老师处,说:"老师,我跟尹珊说老师找她,可是她都不理,也不回答我,然后一直看我的那本书。"老师回答于欣说:"是这样呀,那我过去问她!"于是老师起身走向阅读角的尹珊,于欣跟随在后。

(续表)

时间	10:00—10:50
分析	从观察记录中可以得知,于欣的告状行为是因为受到他人的欺侮,以至于发生了因为"物品争夺"的告状行为,但就此告状行为而言,于欣并不是为了取得老师更多的注意,而是希望老师能够帮忙解决问题。同时于欣更是因为自己无法解决问题,所以必须请出有权威的老师出面来帮忙解决。 　　在这个例子中,必须先了解尹珊抢书的行为,是书籍提供不够多元所造成的,还是尹珊个人因素所造成的。尹珊的个人因素可能包括:尹珊希望引起他人的注意而做出了抢书的行为。若是因为书籍提供不够多元,老师就必须检讨是否需要增加阅读角内的图书量或使之更多元化。如果是尹珊的个人因素导致抢书,老师就必须进一步与尹珊沟通对话,了解她为什么要抢别人正在看的书。单就抢书事件来分析,如果尹珊单纯只是想看于欣正在阅读的这本书,那么这"物品争夺"行为有可能是教材教具提供不足、不够多元丰富所致。若不是因为"书"这个物品,则必须考虑尹珊抢书是否受个人情绪所影响。个人情绪又可分为因为情绪不佳找人出气,以及因为尹珊就是讨厌于欣,所以针对于欣下手。是因为尹珊讨厌于欣,所以就要抢于欣正在看的书,捉弄于欣呢,还是尹珊随机捉弄一名幼儿,只因为好玩或想要引起别人注意? 这时,尹珊的捉弄对象就有两种可能,一是特定对象,如特别讨厌的人,二是不特定的随机对象,目的在于引起老师或他人的关心和注意。概略推测尹珊的动机后,老师就必须寻求适当的辅导策略来协助尹珊改变不好的行为。 　　上述这些可能因素,都必须在分析时一一列出,然后再回过头来检视观察记录资料,从中寻求佐证的资料。若没有足够的佐证资料,观察者或老师就必须依照上述分析的可能因素,再次对尹珊进行观察,辅导尹珊改变行为,同时也可以解决于欣的告状行为。

示例 2

	描述	备注
事件发生前	区落活动时,尹珊左看右看,最后选择了阅读角,阅读角内已有五名幼儿,尹珊是最后一个进入阅读角的。尹珊走到书架前,将书架里的绘本一一拿起又放下。尹珊这样重复了好几次,仍然没有选中任何一本书。	
事件	于是尹珊转了个身,看到坐在一旁的于欣手上的绘本,便伸出手将它拿了过来。	
事件发生	于欣立刻站了起来,将尹珊手上的书抢了回来,不一会儿,尹珊又抢了过去。 ……	
教师回应	于欣跑到老师处告状……老师回答于欣说:"是这样呀,那我过去问她!"	
分析	从观察记录资料中可得知,于欣的告状行为是因为受到他人的欺侮……(同示例 1)	

二、事件取样法的运用

（一）描述观察目的

这一点和时间取样法具有相似性,观察者首先需要明确自己"为什么要观察",通过观察需要解决什么问题。例如,在游戏时间,教室里时有争吵的声音,为了解决幼儿争吵的情况,了解幼儿争吵的原因,引导幼儿养成自律、守秩序的行为习惯,帮助幼儿学会友好相处,教师决定采用事件取样法了解幼儿争吵行为发生的前因后果。

（二）确定行为的操作性定义

每个人都是独特的个体,一千个读者就会有一千个哈姆雷特。确定行为的操作性定义就是为了便于观察、记录及重复验证。操作定义就是把所要观察的行为,给予详细的说明和规定,确定这一行为或现象与观察记录的客观标准,这就是观察指标。这种操作性定义在许多观察者同时从事同一个观察计划时显得尤为重要。确定好了具体的观察指标才能保证相同的观察对象,不同的观察者所依据的观察指标是相同的,便于客观、全面地获得资料。

（三）选择目标儿童

与时间取样法相似,观察对象也要根据观察目的来确定。既可以选取某一特定幼儿作为观察对象,也可以选取由多名幼儿组成的幼儿团体作为观察对象。例如,幼儿园教师发现某一名幼儿经常不睡午觉,观察者的观察目标就是了解该名幼儿午睡时的行为表现、不睡午觉的原因,该名幼儿就可以成为目标儿童。如果是几名幼儿午睡时都入睡困难,那观察目标就是要了解他们出现午睡困难的原因,以便制定相应的解决措施,观察对象就是由多名幼儿组成的幼儿团体。

（四）制作观察量表,记录客观事实

观察者在采用事件取样法对目标行为进行分类时要遵循相互排斥原则和详尽性原则。可以采用叙事描述的方式记录,也可以选择符号或代码的方式,见表3－7和表3－8。

表3－7　幼儿告状行为记录表(节选)

观察目标:幼儿告状行为　　　　　　　　　　目标儿童:多多

年龄:4岁2个月　　　　　　　　　　　　　观察日期:2017年6月5日

时间	事件发生前	事件	事件发生后	分析
10:10	区角活动时,多多左看右看,最后选择了阅读角,阅读角内已有五名幼儿。多多走到书架前,将书架里的绘本一一拿起又放下。多多这样重复了好几次,仍然没有选中任何一本书。	于是多多转了个身,看到坐在一旁的刚刚手上的绘本,便伸出手将它拿了过来。	刚刚立刻站了起来,将多多手上的书抢了回来,不一会儿,多多又抢了过去。	

(续表)

时间	事件发生前	事件	事件发生后	分析
10:30				
备注				

表 3-8　幼儿告状行为频数记录表①

	争夺物品	欺负同伴	肢体冲突	小计
来园	√√	√	√	4
自由活动	√	0	√√	3
游戏	√	√	0	2
户外活动	√√	√	√	4
区角活动	√	0	0	1
总计	7	3	4	14

（五）分析并提出建议

当资料收集好了之后，我们还要对收集来的资料进行分析解读，寻找问题所在，以便采取策略进一步促进幼儿的发展。在分析时，务必做到根据持续的观察记录进行行为判断，考虑事件产生的情境因素，因为幼儿行为的产生都是情境的，需要综合考虑行为产生的前因后果，才能避免主观臆断。同时也要注意运用收集来的观察资料来为行为判断做佐证。

三、事件取样法的优缺点

（一）优点

1. 兼具符号记录立即性与叙事记录完整性的优点

相对于叙事的方法来说，事件取样法可使用一些事先设计好的检核表去记录和事件有关的项目。例如，在幼儿园活动室的各活动区角（如建构区、戏剧表演去、科学活动区、美术区等），在各类设备器材（油画棒、拼图、水彩、积木等等）的使用过程中或事件发生时所进行的活动，以及在场的成人和幼儿都可以作为检核的项目。相对于时间取样法来说，事件取样法又可以运用叙事性记录的方式，来记录事件发生的来龙去脉，了解行为目标发生、发展的全貌。例如，在对幼儿的社会性互动行为进行描述时，可以记录他们的对话、身体行为（微笑、拥抱、分享玩具、吵架等），以及事件发生的前因后果。所以，事件取样法兼具了两者的优点，可以得到定量和定性的两类观察资料。

2. 可以收集到比较全面、完整的资料

事件取样法没有时间限制，是在自然情境下的观察，能观察到事件或行为的全

---
①　选自连云港某幼儿园教师观察记录。

貌,对事件及行为的发生、变化和终结有较为详细的描述。因此,收集到的资料并不孤立,既可以了解行为是什么,也能了解行为产生的原因,便于更好地分析事件的因果关系,从而提出相关的建议和策略。

3. 搜集资料省时、简便,具有经济效益

相比于叙事的记录方法,事件取样法是很省时的一种方法。例如,在达维研究"幼儿争执事件"时,共花了 58.75 个小时就收集到了 200 个争吵行为的资料。事件取样法相对还是比较简便的,可以选择幼儿任何一种行为事件进行观察,如哭泣、午睡时打枕头仗、社会性互动等,只要是幼儿行为就可以记录,简便易行。

(二) 缺点

1. 只观察和记录特定的行为或事件,容易忽略之外的其他资料

由于事件取样法观察记录的特定行为或事件在观察前就已经设定好了,只要行为出现就观察记录,这样的话,容易忽略特定行为之外的其他资料,可能会造成信息的缺失。

2. 缺乏量的稳定性

事件取样法是记录特定的行为,只要出现就做记录,但有可能这些观察到的行为现象在不同的情境下具有不同的性质。例如,幼儿的"游离"行为,可能是对游戏材料或者内容不感兴趣,也可能是想到别的什么事情,也可能是身体不舒服。因此在运用事件取样法时要特别注意分析和记录事件发生的情境或背景,以便更准确地分析幼儿行为产生的前因后果,更好地开展教学实践。

3. 记录过程中会中断行为的连续性

由于事件取样法只记录了行为发生后事件从发生到结束的过程,而一些与事件发生有关,但时间上相隔稍远的内容,就无法记录了,因此无法保持行为记录的完整性。它仍然是将事件与过去的状况或情境分开,而这些状况或情境可能正是导致该事件发生的原因。

案例分析

表 3 - 9 攻击行为幼儿观察表①

观察时间:2016 年 4 月 9 日 8:30—10:30　　　　　观察地点:Z 幼儿园
观察对象:大旺　　　　年龄:5 岁 3 个月　　　　性别:男
观察目的:了解大旺攻击行为的特点　　　　观察者:李老师

① 选自连云港某幼儿园教师观察记录。

编号	时间	地点	发生背景	做了什么	行为性质	结果
1	8:50 区角活动	教室积木区	大旺想到积木区玩积木,但是明明不让他加入	大旺用脚踢乱了明明和其他两个小朋友搭的积木就跑走了	破坏他人玩具	大旺受到了老师的批评
2	9:30 自由活动	卫生间	好几个男孩子围着小便池在小便	大旺冲进去,用力推开了两个小朋友,一边说"走开,走开",一边使劲挤进去小便	身体攻击	一个男孩反击,另一个去报告老师
3	9:45 集体活动	教室	老师教幼儿唱歌,大旺坐在椅子上不停地动来动去,椅子不小心碰到了旁边女孩的脚,小女孩向老师告状	大旺索性用脚去踩小女孩的脚	身体攻击	老师让大旺一个人远远地坐在后面
4	10:15 户外活动	大型玩具区	小朋友有的在玩球,有的在玩滑滑梯,大旺因被老师安排在教室里摆椅子,出来晚了,没有拿到球	大旺跑到一个女孩旁边,一把抢过皮球,跑到树底下去玩了	抢夺玩具	小女孩跑过来想抢回去,但是没成功,气呼呼地走了

分析:在观察的两个小时内,共发生4件攻击性事件,都是大旺主动挑起。攻击行为发生地点两处在教室内,一处在卫生间,一处在室外。根据攻击行为的类型分类,大旺的攻击行为以身体攻击、工具性攻击为主,大旺的攻击主要是为了争夺地盘(2次)、抢夺玩具(1次)等工具性为主;但也有一次以报复为目的,属于敌意性攻击。在攻击行为的后果中,大旺都受到了老师的批评,大旺的行为不仅引起了同伴的反感,也导致了老师对他的不良印象。

技能训练

1. 什么是幼儿的告状行为,幼儿告状的原因有哪些?如何确定行为的操作性定义?

训练目的:便于统一观察指标,更好地完成观察目的。

训练要求:根据小组讨论,概括出幼儿告状行为的主要原因。

2. 某中班幼儿园教师对班级幼儿的剩饭行为进行观察，一周后得到的结果如下：多多 3 次，丁丁 2 次，壮壮 2 次，贝贝 3 次。其他幼儿均没有此行为。仅仅通过次数的统计无法了解幼儿剩饭的具体状况，请采用事件取样法设计一份观察记录表。

训练目的：结合实践，运用所学理论尝试制作观察记录表。

训练要求：首先给出操作性行为定义，再制作适宜的观察记录表。

知海拾贝

对幼儿亲社会行为的研究（一名教师的观察研究）①

研究选取某市的两所幼儿园，其中一所为市区幼儿园，另一所为城乡接合部的幼儿园，共 100 名幼儿。其中，大班幼儿 40 名（男 19 名、女 21 名），中班幼儿 35 名（男 20 名、女 15 名），小班幼儿 25 名（男 13 名、女 12 名）。

根据幼儿的行为特点，把幼儿的亲社会行为主要分为助人、分享、合作、安慰、公德行为等形式。

助人：幼儿在他人需要帮助时给予帮助，如帮小朋友扣纽扣，扶起摔倒的小朋友等。

分享：幼儿与同伴一起玩玩具，分吃食物等。

合作：幼儿与同伴协同完成某一活动，如合作游戏等。

安慰：在他人遭受心理或生理的伤害时，幼儿给予安慰。

公德行为：该类行为无明确的行为对象，是有利于集体的良好行为，如关紧水龙头、清扫垃圾等。

在研究中，每天的观察从上午 8:00 到下午幼儿离园时，观察范围是幼儿在园的全部活动中的亲社会行为，观察期为 10 天。对每一亲社会行为做四个维度的观察记录：一是行为者的姓名、性别；二是行为对象的姓名、性别；三是亲社会行为的形式、类型与过程；四是亲社会行为的反馈信息，是指亲社会行为对象在接受该行为后所做出的积极、消极或中性的反应。

结果表明：幼儿的亲社会行为不存在性别差异；幼儿的亲社会行为主要是指向同伴，极少指向教师；在幼儿的亲社会行为中，合作行为最为常见，其次为分享行为和助人行为，安慰行为和公德行为较少发生；教师通常对幼儿的亲社会行为做出积极或消极反应；同伴对幼儿的合作行为多积极反应，对幼儿的分享行为、助人行为、安慰行为多做出中性反应；幼儿的亲社会行为大多数未得到及时强化。

---

① 施燕，韩春红. 学前儿童行为观察[M]. 上海：华东师范大学出版社，2011.

视频观察

儿童行为视频

观察要求:请用事件取样观察法对视频中的儿童合作行为进行观察记录。

要点提示:

第一步:先给合作行为下操作性定义:如,合作行为是指两个或两个以上幼儿采取共同行动以期达到统一目标的协作过程。

第二步:制定事件取样观察记录表。

儿童	年龄	性别	合作行为 发生背景	说了什么, 做了什么	结果

第三步:观看视频中守株待兔捕捉合作行为的发生,完成上述表格填写。

第四章 儿童行为观察和记录
评定的方法

本章主要介绍儿童行为观察与记录方法中的评定法,了解行为检核法和等级评定法的含义、适用性及优缺点;掌握行为检核法和等级评定法的具体运用过程,并学会实际操作;能够根据两种评定法的适用性,恰当选择合适的观察记录方法,运用行为检核法和等级评定法观察记录幼儿园实践中的特定事件或行为,从而有效地服务于教学实践,促进幼儿健康和谐地发展。

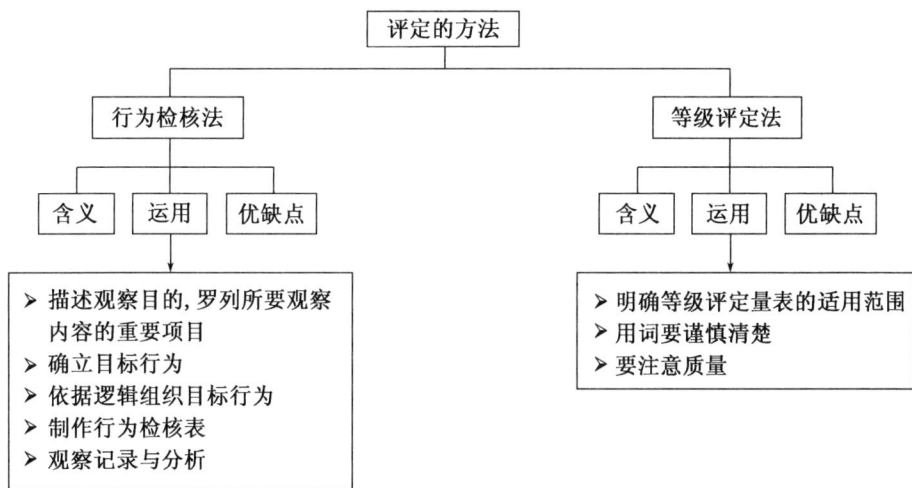

```
                        评定的方法
        ┌──────────────────────┴──────────────────────┐
    行为检核法                                    等级评定法
   ┌────┬────┬────┐                          ┌────┬────┬────┐
  含义  运用  优缺点                          含义  运用  优缺点
```

- ➢ 描述观察目的,罗列所要观察内容的重要项目
- ➢ 确立目标行为
- ➢ 依据逻辑组织目标行为
- ➢ 制作行为检核表
- ➢ 观察记录与分析

- ➢ 明确等级评定量表的适用范围
- ➢ 用词要谨慎清楚
- ➢ 要注意质量

第一节 行为检核法

情境导入

幼儿园的孙老师经常和家长交流幼儿在园的情况。但是面对全班幼儿,孙老师有时也无可奈何,没办法和每一位家长及时有效地沟通。园长建议她利用行为检核表,将幼儿各方面在园的情况汇报给家长。孙老师在网上找了一些行为检核表,但又觉得并

不能完全体现自己想和家长沟通的内容。孙老师不知如何才能达到目的。

　　新学期,李老师接手了中一班的幼儿,为了尽快了解熟悉中一班的幼儿,李老师想先了解本班幼儿的日常习惯、生活自理能力,可是她不知道怎么更快、更全面地获得信息,她应该怎么办呢?

一、行为检核法的含义

　　行为检核法是也称清单法、检测表单法等,是指根据观察目的、情境特性与观察者的特性等,事先做好观察架构与内容,将一系列行为项目进行排列,并标明关于这些项目是否出现的两种选择,供观察者判断后选择其中之一并做出记号的方法。行为检核法因其实用性,不受环境的限制,随时可以进行记录,是幼儿园教师最常用的观察记录的方法之一。该方法不仅可以记录一群幼儿某一方面的行为能力,还可以观察记录个别幼儿;不仅可以对幼儿的行为进行现场观察,还可以用作非现场观察。一般来说,记录的方式就是二选一,"有"或"无","是"或"否",以此来逐一检核特定的行为是否出现。例如,表4-1是对幼儿主题活动中学习情况的观察记录表。

表4-1　幼儿主题活动的学习记录表①

姓名:　　　　观察时间:　　　　观察地点:　　　　观察情境:
说明:请观察幼儿是否表现出各项描述行为,请以"√"或"×"表示。
1. 对主题感到好奇。(　　　)   2. 针对主题发言。(　　　)   3. 能倾听他人发言。(　　　)   4. 对活动表现出耐心。(　　　)   5. 不太能完整表达自己的意思。(　　　)   6. 能与他人合作。(　　　)   7. 容易受其他区角活动影响而分心。(　　　)   8. 能专注地操作活动或参与游戏。(　　　)   9. 不太能掌控发言的音量。(　　　)   10. 能领导其他幼儿参与讨论。(　　　)

　　行为检核法的类型相对多元。以表4-1为例,该检核表可以用来了解幼儿在主题活动中的学习表现。还可以对照《指南》制定中班幼儿认知发展的行为检核表,见表4-2。

---

① 蔡春美,洪福财.幼儿行为观察与记录[M].上海:华东师范大学出版社,2013:156.

表 4－2　中班幼儿认知发展的检核表

指　　标	行为表现	项目	
		是	否
生活自理能力	1. 能自己用餐		
	2. 如厕时，能自己穿、脱裤子		
	3. 能够自己洗澡、刷牙、洗脸，并收拾用具		
	4. 能够收拾自己的书籍、玩具		
	5. 会按交通信号灯指示过马路		
认知动作能力	1. 能够握笔写字或画图		
	2. 能够跳跃，且平稳着地		
	3. 能够翻滚		
	4. 能够模仿做简易体操		
	5. 会骑单轮自行车		
注意力	1. 老师点名或者家人召唤时会立即应答		
	2. 能够眼睛看着与他说话的人		
	3. 能对喜欢及选择的事物维持至少15分钟的注意力		
	4. 能对老师引导的活动维持至少10分钟的注意力		
记忆力	1. 能正确称呼家人		
	2. 能指认身体各部位名称		
	3. 记得自己的物品		
	4. 能自动说出已学过的东西		
语言表达	1. 能及时地说出自己的生理需求		
	2. 能完整地说出一句话		
	3. 能清楚地表达自己的情绪		
	4. 能有效回答别人的问题		
	5. 会看图说话		

　　行为检核表还可以用来记录在特定时间内，针对目标儿童是否出现的行为进行检核。例如，表 4－3 是用于观察幼儿与母亲互动情况的记录表。

表 4 - 3　幼儿与母亲的互动记录表①

行为 时间(秒)	母亲对幼儿说话	幼儿眼睛 注视母亲	母亲与幼儿 一起发出声音	幼儿对母亲的 话点头
00	√			√
60			√	
120	√		√	
180	√			
240				√
300				
360				

说明:请观察固定时间内是否出现各项行为,以"√"表示。

二、行为检核法的运用

虽然行为检核法相对简单,易操作,但在使用之前仍然要制定详细的计划。其中最为核心的关键就是确定目标行为,下面就针对行为检核法的具体操作程序进行说明。

(一)描述观察目的,罗列所要观察内容的重要项目

例如,新学期,李老师接手了中一班的幼儿,为了尽快了解熟悉中一班的幼儿,李老师想先了解本班幼儿的日常生活习惯,于是李老师采用了行为检核法。首先,她参照《指南》中中班幼儿的年龄特点,罗列了她认为重要的项目。

(1) 作息习惯正常。

(2) 饮食习惯良好。

(3) 讲究个人卫生。

(4) 喜欢参加体育活动。

(5) 适应能力较强。

(二) 确定目标行为

清晰地界定目标行为,详细地列出目标行为的内容,才能更好地逐一进行行为的检核。例如,上例中的第一个项目是"作息习惯正常",可以罗列出以下目标行为:

(1) 每天按时睡觉和起床,睡眠时间保证在 11—12 小时。

(2) 能坚持睡午觉。

(3) 睡觉时不蒙头、不打鼾,姿势正确。

(4) 能独立自主睡觉。

这些内容就是针对"作息习惯正常"而列出的目标行为,也就是观察者希望了解

---

① 蔡春美,洪福财.幼儿行为观察与记录[M].上海:华东师范大学出版社,2013:157.

幼儿能否做到上述目标行为,如果可以,观察者便能很快检核出行为。当每一个项目都完成这样的工作之后,整个目标行为就完成了。

上述的目标行为是参照《指南》来进行确定的,有的时候还可以根据工作经验了解行为发生的前因后果来制定目标行为。如"饮食习惯良好",可以从以下角度来展开该行为的检核:

(1) 为什么不饿?

(2) 为什么不想吃胡萝卜?

(3) 为什么剩饭?

(4) 为什么吃得衣服上有饭菜?

然后把将要观察的每一个角度细化为若干个目标行为,如上述第一个角度"为什么不饿",可以细化为以下目标行为:

(1) 饭前半小时不吃零食。

(2) 两餐间隔时间不低于 3 小时。

(3) 有适当符合运动负荷的户外活动。

根据以上两种方法将所要观察的重要项目细化为目标行为后,就可以将这些信息整理成一张完整的行为检核表,并对幼儿出现的行为进行判断。

(三)依据逻辑组织目标行为

完成以上的步骤之后,接下来的工作就是将所列出的目标行为按照一定的逻辑进行组织,可以参照观察者的习惯,可以参照行为类别,可以按照行为的难易程度,还可以按照幼儿活动时的场地顺序或者时间顺序来排列。例如,表 4-4 是按照行为类别组织目标行为的。[①]

表 4-4　中班幼儿生活习惯的行为检核表

项目	是	否
是否每天按时睡觉和起床,睡眠时间保证在 11—12 小时		
是否能坚持睡午觉		
是否睡觉时不蒙头、不打鼾,姿势正确		
是否能独立自主睡觉		
是否饭前半小时不吃零食		
是否两餐间隔时间不低于 3 小时		
是否有适当符合运动负荷的户外活动		
是否不挑食、不偏食		
是否吃东西细嚼慢咽,不边吃边讲话		

①　参照《3—6 岁儿童学习与发展指南》改编。

（四）制作行为检核表

行为检核表一般由两部分组成,第一部分是观察的基本要素,包含了观察对象的年龄、观察时间、地点、情境等具有稳定特性的项目;第二部分是观察的行为,见表4－5。

表4－5　中班幼儿日常生活习惯记录表①

观察目标:幼儿生活习惯　　　　　　　　　　　目标儿童:贝贝
年龄:4岁4个月　　　　　地点:活动室　　　观察日期:2016年3月18日

项目	是	否
是否每天按时睡觉和起床,睡眠时间保证在11—12小时		
是否能坚持睡午觉		
是否睡觉时不蒙头、不打鼾,姿势正确		
是否能独立自主睡觉		
是否饭前半小时不吃零食		
是否两餐间隔时间不低于3小时		
是否有适当符合运动负荷的户外活动		
是否不挑食、不偏食		
是否吃东西细嚼慢咽、不边吃边讲话		
是否勤洗手、勤剪指甲、勤洗澡		
是否随地吐痰		
是否饭后漱口、早晚刷牙		
是否用脏手揉眼睛		
是否乱扔垃圾		

（五）观察记录与分析

行为检核表拟定完成后,观察者就可以依据表格中的目标行为与事先规划好的流程,对目标儿童进行观察。在观察之前,观察者除了要全面细致地了解各项观察行为的意义外,也可以在正式观察之前先进行预试,了解观察者对目标行为的掌握情况。对于幼儿园来说,为了保证收集的信息的客观性和科学性,可以多名教师共同参与,共同观察与记录,作为修订检核表或者实际观察的参考。

由于行为检核表运用的是表格符号记录的方法,在对资料进行分析时,只要计算记录的次数,或者核计分数来代表频率、强弱的程度,因而这种分析就是资料的量化及统计过程。除了进行量化的统计分析之外,观察者最好保留每次的行为检核表的原始记录结果,可进一步设定以某次观察为基准点进行对照分析,从而更丰富、更详

---

① 连云港某幼儿园教师观察记录。

细地描述行为结果。

三、行为检核法的优缺点

(一) 优点

1. 简单实用,可操作性强

相对于其他观察记录的方法来说,行为检核法最大的优点就是它的实用性,教师可以不受时间、情境的限制,随时进行记录。不需要耗费大量的设备与器材,观察者只要对该方法有基本的认识,运用简单的纸笔就可以完成相应的观察。此外,行为检核法事先已经做好非常仔细的准备工作,特别是预先已经确定了哪些行为作为观察的项目,如幼儿的进餐、午睡、学习活动、社会交往等不同情境的行为。观察者操作起来简便易行,可综合,可比较,还可以做量化处理,能节省观察者的时间和精力。

2. 观察结果便于分析和讨论

由于行为检核法已事先确定好了行为项目,观察过程紧密围绕目标而展开,确保了观察的效度。记录的方式不仅可以采用封闭式,而且还可以设计为标准化的填表格式,对观察结果的分析可以进行量化处理,整理分析相当便利。

3. 观察记录的内容可运用于多方面的研究

行为检核法可用于幼儿每日活动的记录;可以提供参与不同活动区角或不同幼儿参与区角的信息;可以有效地促进课程计划的改进,及时调整活动内容及材料;还可以综合分析不同阶段的检核表获得的信息,将不同时间所做的相同检核表结果相对照,了解目标行为的差异。如幼儿园使用期初和期末的行为检核表,让家长看到孩子的进步和不足。

案例分析

表 4 - 6　进餐行为系统观察表①

　　年　　月　　日　　　　　午餐:　　　　　　　点心:

观察次数	观察时间	自发行为					他发行为					他发反应						特殊行为记录
		☆吃完	☆进食	拒绝进食	转移	其他	被鼓励	被询问	被请求	被命令	其他	☆吃完	☆进食	拒绝进食	以沉默回答	提出请求	其他	
1																		
2																		

---

① 黄意舒. 儿童行为观察法与应用[M]. 北京:心理出版社,1996:128 - 131,有改编。

(续表)

观察次数	观察时间	自发行为					他发行为					他发反应						特殊行为记录
		☆吃完	☆进食	拒绝进食	转移	其他	被鼓励	被询问	被请求	被命令	其他	☆吃完	☆进食	拒绝进食	以沉默回答	提出请求	其他	
3																		
4																		
5																		
6																		
7																		
8																		
9																		
10																		

结果:吃完_____　进食:_____　拒绝进食:_____

陈雄是某幼儿园中班的孩子,原先是个只喝汤,其他食物都不愿意吃的孩子。虽然经过幼儿园的教育,已经在一定程度上有所改变,但是他的进食问题还是存在,为了更有效地改变陈雄的行为,教师决定对其进行观察,并采用行为检核的方法。因为儿童进食行为一般由两种情况引起,即自发行为和他发行为。自发行为比较好理解,也就是儿童自己发起进食的行为。但是一些儿童并不愿意进食,例如沉默不语,或是拒绝进食。一般在这种情况下,教师或是保育员就会想办法让他进食,这就是他发行为。他发行为即儿童自己不自觉进食,而是通过他人(教师、保育员等)的引发而进食。例如,教师的鼓励或是请求使儿童进食。他发行为包括被鼓励、被询问、被请求、被命令等几种。根据这样的一些观察细节,制定了观察表格。

以上观察必须在自然情境中,也就是在被观察者平时进餐的地方进行。观察者一般就是被观察者班级的教师或保育员,是熟悉儿童的人。第二栏的"他发行为"和第三栏的"他发反应"之间是有联系的,也就是如果被观察者并不是自发的进食行为,而是因为他人(如保育员)鼓励(询问/请求/命令/其他)等原因而进食,被观察者的反应是怎样的呢?例如,是吃完,或者是以沉默来应答等。观察记录的步骤如下:

(1) 准备好观察记录表。

(2) 观察记录前,先将观察日期、进食内容填写完整。

(3) 观察幼儿的行为,当有观察表中列出的行为出现时,即在该项目相应的空格内打"√"。

(4) 有"☆"字号的指标,可填代号,分别为A:饭,B:菜,C:汤,D:点心。

(5) 如果被观察者没有自发行为,属于自发行为栏内的"拒绝进食"或是"沉默",

那就应该观察在他发行为的发起下,观察者的"他发反应"如何。

（6）观察时间间隔以三分钟为宜,同时间内如果幼儿出现不同行为,可以重复勾选。

（7）如果有在表格中并未列出的特殊行为出现,就填写在"特殊行为记录"栏内。

（8）在观察结束后,填写本次的进食结果。

（二）缺点

1. 无法描述行为发生的情境及来龙去脉

由于行为检核法观察记录的行为在观察前就已经确定了,它只是对行为是否发生进行记录,至于这种行为在什么情境下发生、为什么产生、行为是如何发展的及该行为的结果是什么,都缺乏详细的描述性原始背景资料,因而难以窥见行为的全貌。行为检核法在使用的时候,需要配合其他观察方法,如轶事记录法等。

2. 观察的信度受到质疑

在实际运用行为检核法时,观察者必须环顾情境中有可能出现的目标行为并加以记录,而非针对单一的行为持续地观察其发展过程,故整体检核表在信度方面受到质疑。此外,在使用检核表时,事先设计好的时间、行为有特定的时限,时限后的行为表现可能遗漏,那么后续行为的发展状况就会因时间中断而难以获得相关资料,使得行为检核法的信度遭到质疑。

案例分析

表 4-7　幼儿退缩行为观察记录表

观察时间:2013 年 5 月 15 日　　　　　　　　观察地点:A 幼儿园
观察对象:琳琳　　　　年龄:4 岁 1 个月　　　性别:女
观察目的:观察幼儿在游戏中的退缩行为　　　观察者:王老师

项目		是	否
游戏活动时,与其他幼儿互动时他在干什么?	只玩可以独自操作的玩具或材料		✓
	跟在教师身边		✓
	什么事情都不做,只是站或坐在一边	✓	
当其他幼儿发起和他的游戏时,该幼儿有何回应?	忽略其他幼儿		✓
	做简短回应	✓	
	走到别处		✓
当其他幼儿发起和他的游戏时,该幼儿有何反应?	显得不自在	✓	
	显得轻松		✓
	变得有攻击性		✓

(续表)

项目		是	否
	分享他正在玩的物品给其他幼儿		√
	找老师介入		√
当幼儿偶尔与其他幼儿产生互动时,这些幼儿是谁?	班级中首先接近他的任一幼儿	√	
	班级中年龄较小或个子较小的幼儿		√
	班级中年龄较大或个子较大的幼儿		√
	男孩	√	
	女孩		√

技能训练

1. 参照《指南》查找中班幼儿的日常生活习惯的典型行为表现有哪些。

训练目的:进一步确定目标行为,为检核做准备。

训练要求:根据小组讨论,罗列幼儿日常生活习惯的行为表现。

2. 参照《指南》,制定小班幼儿社会交往行为的检核表。

训练目的:进一步确定目标行为,为检核做准备。

训练要求:根据小组讨论,制定一个行为检核表。

知海拾贝

学前儿童午睡行为检核[①]

检核目的:为了使教师及家长能确实了解幼儿在托幼机构中午睡时间的动机、反应及就寝中的行为与问题,故设计此检核表,期望能使教养者充分了解幼儿的需求,并作为辅导幼儿行为的参考。

填答方式:

(1) 如果你能确定幼儿表现以下所叙述行为时,才予以检核。

(2) 请以打"√"方式选择。

(3) 检核表记录时间以一周为期。

基本资料:

姓名:_____   班别:_____   性别:_____

年龄:_____   日期:_____   检核者:_____

---

① 黄意舒.儿童行为观察法与应用[M].北京:心理出版社,1996:129-131,有修改。

表4-8　幼儿午休行为检核表

一、动机						
表现行为	一	二	三	四	五	备注
1. 主动休息						
2. 经老师提醒后休息						

二、就寝前反应						
表现行为	一	二	三	四	五	备注
1. 要求上厕所						
2. 要求喝水						
3. 与他人嬉戏						
4. 延后进寝室						
5. 打枕头仗						
6. 哭闹不停						
7. 到处乱跑						
8. 跑出寝室						
9. 其他						

三、就寝中的行为问题						
表现行为	一	二	三	四	五	备注
1. 生病或需教师特别照顾						
2. 过度敏感,不停翻身						
3. 习惯性吮吸或咬手指						
4. 自慰						
5. 须有特殊的睡眠附件(如玩偶)						
6. 不停地找借口离开床位						
7. 与旁边幼儿说话或打手势						
8. 坚持不肯午睡						
9. 说梦话						
10. 没睡着						
11. 中途起床						
12. 其他						

(续表)

四、就寝后反应						
表现行为	一	二	三	四	五	备注
1. 有精神地醒来						
2. 还想继续睡						
3. 静静地躺着						
4. 叫老师						
5. 叫其他幼儿起床						
6. 上厕所						
7. 与别人交谈						
8. 开始玩						
9. 其他						

第二节　等级评定法

情境导入

幼儿园大班的李老师最近发现班级中幼儿的同伴交往情况发生了微妙的变化:有些幼儿受到大家的一致欢迎,有的幼儿则受到了大家的一致"排挤"……每个孩子在同伴交往中的受欢迎程度是不一样的。于是,李老师便运用"同伴提名法"来观察研究班级 30 名幼儿的同伴交往情况,把幼儿分为四类:最受欢迎(被提名 25—30 次)、较为受欢迎(被提名 20—24 次)、一般受欢迎(被提名 10—29 次)以及不受欢迎(被提名 9 次以下)。根据每名幼儿的被提名次数,相应地将其划分到所属类别。

一、等级评定法的含义

所谓等级评定法就是用等级评定量表将所观察的行为事件数量化,用数量来判断行为事件在程度上的差别,评定者根据实际情况,在量表上适合的数字或相应的点上标记号。如果说行为检核法是针对目标行为是否出现做判断,那么等级评定法则是对目标行为出现的程度或如何表现进行判断。等级评定的方法一般不需要现场直接观察与记录,而是在事后根据观察者对被观察者行为的记忆进行记录,因而通常并不把它作为一种直接的观察方法。但我们在很多测查儿童认知、人格、社会性等量表中可以发现,这些量表就是运用了等级评定法。

等级评定法在实际操作过程中常见的量表有数字等级量表、图形量表、标准化量表、累计点数量表等。如表4－9小班幼儿社会交往行为记录表就是数字等级量表，是将事先定义好的数字加到行为类别上，每一个数字都代表某一行为的程度，观察者根据观察对象的实际情况进行评定，选择与行为最为合适的数字做记号。数字等级量表最常用的就是五点量表，即每一行为分别有五种等级的表现，并相应地用五个数字表示。

表4－9 小班幼儿社会交往行为等级评定表①

类别	生活行为表现	适应程度				
		5	4	3	2	1
喜欢交往	喜欢和小朋友一起游戏					
	喜欢和熟悉的长辈一起活动					
与同伴友好相处	想加入同伴的游戏时，能友好地提出请求					
	在成人指导下，能友好地提出请求					
	与同伴发生冲突时，能听从成人的劝解					
具有自尊、自信、自主的表现	能根据自己的兴趣选择游戏或其他活动					
	为自己的好行为或活动成果感到高兴					
	自己能做的事情，愿意自己做					
	喜欢承担一些小任务					

（注：5—做得非常好；4—大部分做得好；3—基本做得好；2——一般；1—做不到）

图形量表是用一条横线来表示一个行为维度，在横线上按照行为表现的程度依序由高至低排列，观察者根据被观察者的实际情况，在横线上确定与被观察者行为描述相应的点，并标上记号。它最大的特点就是直观、形象，是等级评定各种表中最经常使用的一种。例如，表4－10是对幼儿社交行为的评定量表。②

表4－10 幼儿社交行为评定量表

1. 能主动与人打招呼				
总是	常常	偶尔	很少	从不
2. 愿意和他人说话				
总是	常常	偶尔	很少	从不
3. 能轻声有礼貌地说话				
总是	常常	偶尔	很少	从不

---

① 根据《3—6岁儿童学习与发展指南》中儿童人际交往目标改编。
② 孙诚.幼儿行为观察与指导［M］.长春：东北师范大学出版社，2014：58.

（续表）

4. 会排队轮流等待				
总是	常常	偶尔	很少	从不
5. 会向他人表示感谢				
总是	常常	偶尔	很少	从不

标准化量表,如测查智力发展的比奈智力测验和韦克斯勒学龄儿童智力量表等,观察者可以依据标准化的量表来判断幼儿某方面的发展情况。这种标准化量表就是呈现一组标准,让观察者去判断幼儿的行为表现属于哪一个群体。例如,运用丹佛发育筛查对 0—6 岁儿童进行测验,量表由四个能区共 104 个项目组成。第一,个人—社交能区,指向儿童对周围人们的应答能力和料理自己生活的能力;第二,精细动作—适应性能区,指向儿童看的能力和用手取物和画图的能力;第三,语言能区,组成本能区的项目表明儿童听、理解和运用语言的能力。第四,大运动能区,指向儿童坐、步行和跳跃的能力。筛查的结果分为正常、可疑、异常及无法解释四种。这四项测验可以筛查出一些可能存在的问题,也可以对有问题的通过检查加以证实或否定,从而尽可能早地进行干预。

累计点数量表是先对观察对象的行为记分,然后将各项分数加起来,以最终总和来评定该幼儿的行为。如表 4 - 11,运用时先查核 A 行行为并计算分数,再查核 B 行行为并计算分数,其总分就是 A 行总分减去 B 行总分得出的分数。

表 4 - 11　幼儿行为表现累计点数表①

A 行	得分	B 行	得分
能与同伴合作		总是要以自己为中心	
能主动与同伴交往		总是等待别人和他说话	
能和同伴分享玩具		总是独享玩具	
与人友善		充满敌意	
……		……	

二、等级评定法的运用

在实际运用等级评定法时,要尽可能设计高质量、高效度的等级评定表。

(一) 明确等级评定量表的适用范围

在实际使用等级评定法的过程中,首先要明确观察的目的,以此审视等级评定法是否可以达到观察目的,如果不够可靠,那么就要选择其他更为可靠的方法,如叙事法、取样法等。例如,想要观察幼儿数学认知发展水平,可以等级评定法,见表 4 - 12。

---

① 施燕,韩春红. 学前儿童行为观察[M]. 上海:华东师范大学出版社,2011:78.

表 4－12　幼儿数学认知发展评估表①

序号	内容	评分标准					
		1	2	3	4	5	6
1	10 以内唱数、数物匹配及数量守恒	会唱数 1—10	手口一致点数 1—10	掌握 10 以内的数列	10 以内数物匹配	10 以内数的守恒	长度、体积守恒
2	10 以内数的组成及加减	5 以内数的组成	口算 5 以内数的加减	口算 7 以内数的组成、加减	口算、笔算 10 以内数的加减应用题	口算 10 以内数的加减应用题	较熟练地编解 10 以内数的加减应用题
3	对几何形体的认识	认识圆形、正方形	认识三角形、长方形	认识半圆形	认识椭圆形、菱形	认识长方体、正方体	认识圆柱体、圆锥体
4	具有初步的时间和空间的概念	知道早、中、晚，能区分上、下	知道昨天、今天、明天，能区分里外	知道一星期有 7 天，当天是星期几，能区分前后	知道月、日，能区分远近	认识时钟的正点和半点，能以自我为参照区分左右	认识时钟的分，能以相对参照区分左右
5	按实物特征分类的能力	不会分类	会按 1 种特点分类	会按 1 种特点迅速分类	会按 2 种特点分类	会按 2 种特点迅速分类	会按 2 种以上特点分类
6	根据各种标准或规律排序的能力	不会排序	会将 5 个长短差别比较明显的物体排序	会将 5 个大小差别比较明显的物体排序	会将 10 个差别比较大的物体排序	会将 10 个差别比较细微的物体排序	能自己找出规律并按规律排序

（二）用词要谨慎清楚

　　语言本身就具有情境性、主观性，每个用词都只描述一个特定的意义。在设计等级评定表时应尽量避免使用一般性的词汇，如"平均""非常""很好"等。形容行为的用词应尽可能地避免涉及价值判断以免影响行为评定者的判断，如表 4－13。

---

　　① 金浩.学前儿童数学教育概论［M］.上海：华东师范大学出版社，2000：265－266.

表4-13　学前儿童音乐能力表现评价计算分指表①

序号	评价项目		权重	等级分数	评分标准			
					好100	较好85	一般65	差45
7	儿童表现	情绪态度	12%	12	12	10	8	5.5
8		内容掌握	8%	30	8	7	5	3.5
9		能力锻炼	10%	10	10	8.5	6.5	4.5

（三）要注意质量

在设计等级评定表时要注意,通常情况下应尽可能地利用一些现成的、经使用后被认为是可靠的量表。在编制等级评定表时语句要简单明了,尽量使用短而容易理解的语句来进行表达。例如,在"幼儿清扫能力评定表"中运用了"会使用抹布擦桌子、椅子""会将使用过的工具归回原位""会将垃圾丢到垃圾桶内"等语句,十分清楚明白。其次,确定用语和提示都与被评定的目标相一致。所运用的语句和提示要能如实地说明希望评定的项目。例如,评定者想要了解3—6岁幼儿的争执行为,经分析后,认为幼儿争执行为可以从"抢夺行为""破坏行为"和"愤怒行为"等三个方面进行分析。而其中的"抢夺行为"应该包括"抢夺别人的玩具""抢占地方""抢别人的关注"等各个方面。因此在"抢夺行为"中就要列出以下几项:抢同伴玩具;争抢、占有玩具;排队时抢在同伴前面;抢表现机会;占有玩的地方。

三、等级评定法的优缺点

（一）优点

1. 操作简单,方便使用

等级评定法一般只是用数字来表示所要记录行为的程度水平,或是在相应的数字格内做记号,方便观察者使用填写,操作起来相对比较简便易行。使用前只需简单的训练,便可掌握这种方法,因而经济省力。

2. 适用范围比较广泛

正如之前所述案例,不管是对幼儿的一日生活各环节行为表现的观察,或是对幼儿各方面能力的观察,还是对师幼互动情况的观察,都可以运用等级评定的方法。

3. 可以用于个别差异的比较

等级评定法还可以用于比较个别差异。例如,表4-14通过比较幼儿在自主性和合作性方面的不同,找出差异之处,从而调整教育策略。

---

① 许卓娅.学前儿童音乐教育[M].北京:人民教育出版社,1996:355,有删减。

表 4-14　幼儿区角活动评定表①

类别	项目	经常	偶尔	很少	从未
自主性	1. 能独立完成一项活动				
	2. 会主动选择玩具				
	3. 能主动收拾玩具				
	4. 分享活动时能主动提出自己的想法				
合作性	1. 能与同伴交谈				
	2. 能与同伴合作完成一项工作				
	3. 遵守集体游戏规则				
	4. 会轮流使用活动材料				

（二）缺点

等级评定法最大的缺点在于这种方法都是由观察者的主观判断来评定,往往会受观察评定者的主观影响而做出错误的判断。所以在使用这种方法的过程中,很容易出现错误。同样一个行为,出现在幼儿 A 身上,可能被评定为"4"级,但是出现在幼儿 B 身上,也许会评定为"3"级或"2"级。这里的差别可能是因为评定者对评定表中所用术语的理解不一致,这种情况更多地出现在由多名评定者同时进行这项工作时。此外,评定者还会具有"集中趋势"的现象,即大多评定者为了避免在评定中过于极端,采取选择中间答案的方法,这也会造成评定等级的误差。另外,评定者也会出现"月晕"现象,即在评定时,评定者受到不完全相关因素的影响,而导致了判断不正确。例如,对某个幼儿进行评定时,因为事先了解到他的爸爸具有家暴倾向,便联想到他也会在某种程度上具有攻击性,因而在评定时做出了错误的判断。

等级评定法和行为检核法一样,只是记录了行为的等级,并没有详细具体的语言描述,更没有行为发生的来龙去脉,因此无法了解行为的因果关系。因而在实际操作过程中,要扬长避短,根据观察目标,选择多样化、更适合的方法,提高实际观察的有效性和可靠性,更好地服务于教学实践。例如,对幼儿美术能力的观察评价可以用等级评定法,见表 4-15。

表 4-15　学前儿童美术能力观察评价表②

项目	内容	水平			
		A	B	C	D
一、构思	事先构思出主题和主要完成的内容,动手之后围绕构思再进行创造				

---

① 施燕,韩春红.学前儿童行为观察[M].上海:华东师范大学出版社:2011:79.

② 陈帼眉.学前儿童发展与教育评价手册[M].北京:北京师范大学出版社,1994:712.

项目	内容	水平			
		A	B	C	D
	预想出局部内容,完成一项后再做新计划				
	动笔后构思,由动作痕迹出发,想到什么画什么				
	只有动作活动,没有形象创造,表现为在纸上随意涂抹或反复掰泥、撕纸				
二、主动性	由自身兴趣、愿望支配,自主进行美术活动				
	由特定材料引发,开始进行美术活动				
	看到别人从事美术活动,自己跟着做				
	在成人的要求下开始美术活动				
三、兴趣性	自主从事美术活动,对美术活动倾注极大的热情,完全沉浸在活动之中,默默无语				
	欣然从命,愉快地从事活动,在做的过程中会自言自语地流露出愉快之情				
	对美术活动迟疑不前,活动中企图离开或张望别人做什么				
	拒绝参加美术活动				
四、专注性	能较长时间持续从事已选定的活动,不受外界的影响,有时甚至第二天接着做				
	能在同年龄幼儿一般可持续的时间内持续从事活动,中途偶有离开的现象发生,但还会自动回来,直到活动完成				
	需要鼓励,才能把活动进行完毕				
	不能把活动进行完,中途改变活动				
五、独立性	自己决定活动任务,解决问题,拒绝别人干涉,独立完成任务				
	主动请教他人,考虑别人建议,然后自己完成任务				
	模仿别人完成自己的作品				
	接受并在他人的帮助下完成作品				

（续表）

项目	内容	水平			
		A	B	C	D
六、创造性	别出心裁地构思与利用材料进行造型				
	重新组织以前学过的造型式样、方法和技能进行造型				
	重复以前学过的式样、方法和技能造型				
	只按教师当时传授的式样、方法和技能造型				
七、操作的熟练性	掌握工具姿势正确、轻松，操作动作连贯、迅速、准确，一次性完成动作，作品质量好				
	掌握工具姿势正确，操作动作平稳，但欠准确，中途修改，作品质量较好				
	掌握工具动作正确但笨拙，操作动作迟缓、准确性差，有失误不知修改，作品显得粗糙				
	掌握工具的姿势笨拙有误，只有重复性动作，不能完成作品				
八、自我感觉方面	认为自己的作品很成功，主动请别人看自己作品，并讲解作品的含义，能慷慨地将作品赠人				
	对自己的作品感觉很满意，但不主动展示，听到别人的称赞感到愉快，希望保留作品				
	认为不太成功，接受别人看法，希望将作品交给老师				
	感到沮丧，对别人的反应无动于衷或抵触，对作品去向不关心或毁掉作品				
九、习惯方面	有顺序、有步骤地完成作品				
	弄错步骤，发现后主动纠错，完成作品				
	想到什么就做什么，混乱中完成作品，作品有缺陷				
	只完成局部，作品半途而废				
	保持工具材料的固定位置，用时取出，用后放回				
	大致保持原位置，错放后能找到				
	一片混乱，用后乱放，取时找不到				
	不会取放，拿到什么用什么				

案例分析

表 4-16 幼儿的游戏性量表①

	项目与儿童相符合的程度				
	完全不符合	有点符合	不清楚	比较符合	完全符合
	1	2	3	4	5
身体的自发性					
儿童的运动能很好地协调	1	2	3	4	5
儿童在游戏中行为很活跃	1	2	3	4	5
儿童好动不好静	1	2	3	4	5
儿童有许多的跑、跳、滑	1	2	3	4	5
社会自发性					
儿童对别人的接近表现出友好	1	2	3	4	5
儿童能与别人一起发起游戏	1	2	3	4	5
在游戏中儿童能与其他人合作	1	2	3	4	5
儿童愿意与别人分享玩具	1	2	3	4	5
儿童在游戏中担任领导者的角色	1	2	3	4	5
认知自发性					
儿童创造他/她自己的游戏	1	2	3	4	5
儿童在游戏中使用非传统的物品	1	2	3	4	5
儿童担任不同特征的角色	1	2	3	4	5
儿童在游戏中变化活动	1	2	3	4	5

技 能 训 练

参照《指南》查找大班幼儿的日常情绪的典型行为表现有哪些,并尝试制作等级评定表。

训练目的:进一步确定目标行为,为评定做准备。

训练要求:根据小组讨论,罗列幼儿日常情绪的行为表现,制作一个数字等级量表。

---

① 约翰逊,等.游戏与儿童早期发展[M].华爱华,郭力平,译校.上海:华东师范大学出版社,2006:253-254.

知海拾贝

幼儿运动素质评价表(踢球活动)①

运动素质	等级1	等级2	等级3
学习动作技能	不能掌握动作技巧	基本掌握动作技能	完全掌握动作技能
速度技能	20米跑4.2秒以上	20米跑3.1—4.1秒	20米跑3.0秒及以内
耐力技能	单脚站立30秒以内	单脚站立30—50秒	单脚站立60秒以上
灵敏技能	左右跳10次/20秒以内	左右跳10—14次/20秒	左右跳15次/20秒
主动性	旁观别人或经别人提醒再参加活动	观察别人活动后再进行活动	很快参加活动
积极性	需经常提醒,注意力分散	需要别人提醒进行练习	不需要别人提醒,积极活动,兴趣高
独立性	即使自己会踢,也要别人帮助	自己不会踢,踢不好时要请别人帮忙	不管会不会踢,都不喜欢别人帮助
创造性	完全模仿他人动作	能自己探索一两种方法	学习新动作时,敢于尝试探索三种以上方法

视频观察

儿童行为视频

观察要求:请用行为检核法对视频中的儿童健康领域的发展水平进行观察记录。

要点提示:运用行为检核法对儿童健康领域的发展状况做出观察记录,需要依据日常对儿童的多次观察,然后依据该年龄段儿童健康发展的合理水平期待做出判断。例如,可以依据《3—6岁儿童学习与发展指南》制定健康领域发展的行为检核表:

---

① 王淑琴,郭丽璟,王英英.幼儿体育教学活动创新设计[M].杭州:浙江大学出版社,2005:96.

	观察内容	是	否
身心状况	具有健康的体态		
	情绪安定愉快		
	具有一定的适应能力		
动作发展	具有一定的平衡能力,动作协调、灵敏		
	具有一定的力量和耐力		
	手的动作灵活协调		
生活习惯和生活能力	具有良好的生活与卫生习惯		
	具有基本的生活自理能力		
	具备基本的安全知识和自我保护能力		

第五章　儿童行为观察的具体实施

本章概要

在学习了各种具体的观察方法后,我们将对学前儿童行为观察活动按照实施的流程做完整的阐述。在本章中,我们从观察的准备工作开始阐述,包括:确定观察目的、制定观察计划、准备观察所需材料。然后讨论观察计划的具体实施,包括:如何执行观察计划、进行记录、整理和分析、呈现观察结果、解释说明、结论与建议等。本章主要从幼儿日常生活、幼儿游戏活动、集体教学活动等阐述儿童行为观察的实施运用。

第一节　在生活中观察儿童

情境导入

王老师在工作中发现许多幼儿在进餐过程中有挑食的行为,她想针对幼儿的挑食行为做观察研究。王老师认真设计了一份行为检核表,对班级中所有幼儿进行了观察记录,并对记录结果做了统计分析。王老师在撰写教育计划时产生了困惑,因为她发现对挑食的幼儿的具体情况缺乏详细的了解,比如不了解各幼儿挑食的严重性程度,也不知道幼儿挑食的具体原因,因此难以调整自己的保教策略。

一、观察在儿童生活中的价值

在托幼机构的日常生活中,包括来园、如厕、午餐、点心、午睡、盥洗等活动,我们能了解到儿童的很多信息,这些日常行为是相当重要的资源。儿童的学习与成长是从生活中开始的,良好的生活习惯可以让儿童更快更好地适应集体、适应社会,对儿童的终身发展产生重大的影响。儿童正处于生活适应和基本生活能力的初步发展时期,现在的儿童大都是独生子女,比较娇生惯养,在家一切生活琐事都由父母包办代替。当他们进入托幼机构进行集体生活时,会感到难以适应。教师可以充分发挥观察记录的作用,在一日活动中对儿童的生活活动情况进行观察记录,了解每个孩子的表现,及时做出相应的分析,并根据各人的个性差异给予不同的指导与帮助,引导儿童在游戏中学习生活、学会生活,在生活中学习、发展和成长。

二、儿童日常生活的观察要点

在幼儿的一日生活中,我们主要从进餐、午睡、如厕三方面进行阐述。

(一) 进餐行为的观察

进餐活动是一日活动中非常重要的一个环节。在托幼机构,除了午餐以外,还有早餐和午餐之间、午餐和晚餐之间的点心。所以,进餐活动不仅是指午餐,也应包括点心。另外,也有一些幼儿会在托幼机构吃早餐和晚餐。儿童的进餐行为,是我们经常会进行观察的一个方面,因为进餐行为不仅影响到孩子的身体健康和正常发展,而且还和他们是否具有压力和焦虑密切相关。一般认为,亲子关系良好的儿童,其进餐也比较正常,反之,如果孩子等候食物不耐烦,或拿取太多食物而自己并不能吃完,或无法与其他孩子共享进餐时的欢乐,就需要考虑是否有来自家庭的影响。在儿童进餐活动时可以观察些什么内容,有很多方面和角度,以下仅是一些建议。

1. 进餐环境

(1) 在哪里进食(餐厅、活动室、走廊或其他地点);

(2) 谁负责供应食物(班级教师、保育员或其他人员);

(3) 幼儿是否能自行决定所要选取的食物;

(4) 环境是否安静/轻松/嘈杂/忙乱;

(5) 食物分量是否充足,是否能根据需要多取一点。

2. 幼儿对进餐环境的反应

(1) 对食物接受/期盼/挑剔/抗拒;

(2) 幼儿进食时严肃/很轻松;

(3) 幼儿走向餐桌时害怕/热切/积极/胆怯。

3. 幼儿的食量

(1) 非常少;

(2) 比较多;

(3) 两份;

(4) 很多肉;

(5) 不吃蔬菜;

(6) 总是吃不够;

(7) 和他人相比较多。

4. 幼儿吃东西的态度

(1) 如何使用餐具;

(2) 是否会使用筷子;

(3) 是否用手抓东西吃;

(4) 是否边吃边玩;

（5）是否扔食物；

（6）是否把食物留在口中；

（7）进食时是否很有条理；

（8）是否将食物弄得一塌糊涂；

（9）是否担心吃不够，是否藏匿食物（如把肉圆放在衣服口袋里）；

（10）在餐桌上是否安逸/躁动/紧张，能够或无法待到结束。

5. 进餐时社交情况

（1）是否社交以及频率高低；

（2）与谁交谈；

（3）除了与人交谈外，还会用什么方法与同伴接触；

（4）社交是否比进餐更有趣；

（5）是否能兼顾社交与进餐；

（6）是否只和老师、特殊的朋友社交，或不和任何人说话。

6. 幼儿对食物的兴趣

（1）是否特别喜欢或不喜欢什么食物；

（2）对食物有何评论；

（3）进餐的速度如何（快或慢）。

7. 进餐的过程

（1）整个过程的程序如何；

（2）幼儿做了或说了什么；

（3）成人做了或说了什么。

8. 进餐后的行为

（1）离开座位时的状态如何（热切的说话；噘着嘴；不声不响；流着泪；轻松推回椅子；敲着桌子）。

（2）随后做了什么（绕着桌子跑；站着说话；站着等候老师；拿书或玩具；上厕所；帮忙整理餐桌；查看碗中是否还有食物）。

（二）如厕行为的观察

和进餐一样，如厕也是幼儿日常生活中一件十分重要的事情。发展正常的儿童应该能够控制自己的大小便，对自己的身体也会产生自然的好奇心，并愿意认识自己的身体。如果发生一些与年龄不相称的能力不足，对身体功能的控制过度谨慎，或展现出对性的不寻常兴趣，都可能是紧张或焦虑所带来的表现。在儿童如厕时可以观察些什么内容，应有很多方面和角度，以下仅是一些建议。

1. 刺激因素

（1）幼儿自身的需求；

（2）模仿别人；

（3）来自群体活动；

（4）老师要求；

（5）尿湿裤子。

2. 幼儿的反应如何

（1）有明显需求，但拒绝接受幼儿园马桶；

（2）不愿与大家一起上厕所；

（3）高高兴兴/心不在焉/匆促/轻松地去。

3. 是否有紧张或恐惧的现象

（1）身体僵直；

（2）抓生殖器；

（3）哭泣。

4. 幼儿的兴趣

（1）兴趣高；

（2）兴趣低。

5. 幼儿如厕的过程

（1）轻松；

（2）严肃。

6. 是否能自理

（1）利落；

（2）笨拙；

（3）快速；

（4）缓慢。

7. 幼儿的态度

（1）是否很随意/特别有礼/露出身体；

（2）与其他幼儿的互动情况；

（3）是否显出了解性别差异；

（4）是否显出对两性差异或相似的兴趣；

（5）是否以口头或行动显示额外的性知识。

（三）午睡行为的观察

午睡对儿童身体的生长发育，以及舒缓半天下来的疲劳有着重要的意义。但是，并不是每个儿童都能很好地午睡，在午睡期间儿童会有各种表现。有些新入园的儿童，因为之前在家没有养成正常午睡的习惯，或者是因为午睡环境陌生等，产生午睡困难等问题。还有一些儿童因为各种原因，如由分居的父母轮流抚养，或是最近曾因病住院等，对午睡产生了恐惧。即使一些儿童已经有了午睡的习惯，但也会出现入睡迟早等不同的表现。在儿童午睡时，究竟可以观察些什么内容，以下仅是一些建议。

1. 幼儿如何入睡

(1) 自动睡下或者遵行要求;

(2) 老师是否认定幼儿已疲倦;

(3) 午睡是否紧接在午餐后;

(4) 幼儿是否了解自己被期许有什么表现。

2. 幼儿的反应为何

(1) 接受:无所谓/高兴;

(2) 抵制:闲荡/说话/不回应/经常要求上厕所/经常要求喝水;

(3) 抗拒:哭泣/绕着屋子跑/跑到屋外。

3. 幼儿是否需要成人的特别照应

拍抚/靠近坐/带到其他房间。

4. 休息时是否有任何紧张的迹象

(1) 肢体的紧张:活动量大/躁动;

(2) 抚慰性的动作:吸吮手指/手淫/拉耳朵;

(3) 对其他幼儿有性意识的行动;

(4) 寄托于其他对象:娃娃/动物/手帕/毯子/枕头/尿布/其他;

(5) 经常找借口离开小床。

5. 幼儿肢体上显现出哪些需要休息的症候

(1) 是否有疲倦的迹象:打哈欠/红眼睛/心情不愉快/经常跌倒;

(2) 幼儿是否睡觉:多久/睡眠是否安稳;

(3) 幼儿是否需要把玩物件:书/娃娃;

(4) 幼儿如果不睡,是否看起来很放松。

6. 休息时间,幼儿对群体的反应如何

(1) 躁动与不安:叫/大声唱歌/乱跑/在小床下跑/吵别人;

(2) 是否有任何交际活动:跟隔邻交谈/打讯号;

(3) 是否察知其他幼儿的需求:轻声低语/悄声走路。

7. 午睡如何结束

(1) 幼儿如何醒来:笑着/说着/啜泣着/哭着/疲累地/清醒地;

(2) 幼儿醒来时做什么:安静地躺着/叫老师/冲向厕所/开始玩。

在幼儿日常生活观察中要注意以下观察细节:

首先,了解行为发生的原因。了解行为发生的原因,也就是要了解这些行为为什么发生。行为发生都是有其原因的,可以称之为"刺激",其来源可能是儿童本身的原因,也可能是外界的。这种行为产生的原因可能并不明显,也可能相当明显。

例如,"幼儿为什么会去穿衣"这一内容,至少可以从以下几个方面寻找原因:

(1) 是否是在教师的要求下穿衣?

（2）教师是否要求全班幼儿都要穿衣？

（3）幼儿是否因为看到别人穿衣服才跟着穿的？

（4）幼儿是否一时冲动而穿衣？

也就是说，儿童穿衣行为的原因有多种，既可能是自身的，也可能是外在因素。这种因素可能是相当明显的，如教师要求每个孩子穿上衣服，也可能并不明显，如毫无无理由的冲动。

其次，了解行为发生的环境。行为发生的环境也是行为发生的原因之一，要观察该行为发生时周围的环境如何。很显然环境是儿童行为发生的主要诱因，没有任何事情是可以脱离现实环境而无缘无故发生的。

例如，"幼儿穿衣服时的环境如何"这一内容，可以从以下几个方面寻找原因：

（1）周围的设施设备是怎样的？

（2）这些设施设备是怎样影响幼儿行为的？（如幼儿距离橱柜的远近；是否有椅子可以使用；幼儿所处环境的空间的拥挤程度）

（3）幼儿附近是否有重要人物？他们在做什么？（对幼儿重要的成人；幼儿的朋友或不喜欢的人；幼儿在意的来访者）

从以上可以看到，环境既包括物质设施设备，也包括"人"这一重要因素。

再次，了解儿童的反应。除了行为发生的原因以外，还要观察了解儿童的反应如何。如果这个活动是由教师引起的（托幼机构中的很多活动均会由教师引起），那么儿童对这个活动的反应如何。例如，他是否积极参与，是否能够接受，或者是否抗拒等。

例如，可以从以下几个方面去观察儿童的反应：

（1）如果活动是由教师引起的，幼儿的反应如何？他是否接受这个要求或建议？

（2）如果活动是由其他幼儿发起的，他的反应如何？

（3）如果活动是由幼儿自己发起的，他是如何行动的？

（4）幼儿对自己的穿着是否显现出特殊的表情？

（5）幼儿在过程中是否认真？是否显现出兴趣？

（6）幼儿如何穿衣？（轻松的/忙乱的/笨手笨脚的/有技巧的）

（7）幼儿的能力是否可以胜任？其能力是否符合他的年龄？

以上这些观察内容只供参考，因为到底该观察些什么，还是需要根据观察目的，也就是要根据我们想了解的问题而来。可能对于一些孩子来说，某些项目是重要的，而对于另外一些孩子来说，这些项目却并不重要。

最后，了解儿童的后续反应。我们还应观察了解儿童接下来会做什么。有时候，我们可以从儿童的后续反应中，获得许多信息。

通过以上四个方面，我们可以整体把握行为的原因、环境、儿童的反应和后续反应，这些线索可以让我们了解儿童在日常生活中的情况和他们的感受。

技能训练

1. 收集见习实践中各幼儿园作息时间表,通读时间表,了解幼儿园一日生活各环节。

2. 将作息时间表中的各环节进行分类,抽取出生活类的环节。

3. 讨论与互动:这些生活环节有什么特点？你对这些生活环节有哪些了解？

案例分析

幼儿进食行为的观察记录

成子是一个四岁的男孩,经常在午餐和吃点心时哭闹、不肯吃东西,还将豆制品类的食物含在嘴里不肯下咽。在进食过程中没有食欲,一口饭含在嘴里很久,每餐都无法吃完,家长和老师都很担心。幼儿园想通过观察了解具体的情况,以便改进保育工作。观察者选择了在活动室和餐厅内进行观察,分别于点心时间和午餐时间进行观察。以下是记录的内容:

观察地点:活动室和餐厅

① 与同伴共同在活动室吃点心。

② 午餐于餐厅中进行。

观察日期:

① 时间:2003 年 9 月 8 日点心时间 10 分钟(活动室)。

② 事件取样:2003 年 9 月 15 日午餐时间(餐厅)。

1. 9:30 阿姨把点心送到活动室来,老师把点心一碗一碗盛好,放在桌上,再请小朋友们分桌,一桌一桌来端。此时成子跑到活动室中的娃娃家,坐在地毯上低下头,没有笑容,静静地,双手扭在一起。老师喊了一声成子:"成子,快过来吃点心。"成子没有回应,继续坐在那动也不动,老师又说:"来,成子吃一口嘛!"成子说:"不要啦!是赤豆我不吃,我不要吃!"说完后开始哭了起来……约 2 分钟后,成子的好朋友走了过来,叫成子不要哭了,成子抬头看了一眼后和小朋友说:"我不要吃赤豆,不要啦!不要叫我吃啦!"同学们已进食 10 分钟了,大家都陆续吃完,开始玩了。(自由活动)

2. 11:00,阿姨把中餐端入餐厅放在桌上,今天的中餐是带鱼、青菜、豆腐蘑菇汤,老师请小朋友坐好念儿歌等待老师把中餐打好。老师请全部的小朋友一同用中餐,成子的脸上没有笑容,看着对桌的小朋友(霖霖)没有任何表情,一直看着霖霖用餐,但自己没有动手用餐,静静地坐在自己位子上,低头看着自己碗里的饭菜,慢慢地拿起汤勺舀了一口饭吃,嚼了三下,又把它一口全部吐在桌上,脸上一副很不舒服的表情。老师走了过来看了成子:"怎么了,为什么？这么久都没吃,快点吃!"成子不语,眼神又注视霖霖,霖霖已用餐完毕,却没看见成子再动手用餐,餐厅中的小朋友大都用餐完了准备午睡。只见成子坐在原位,等老师发现成子碗中的饭还没吃,老师对成子说:"你每次点心、午餐都没有好好吃完,怎么办呢?我真拿你没有办法,说都没用!"成子没说话,眼神一直注视着老师,却也不吃,最后还是没有再吃。

幼儿如厕行为的观察记录

故事活动结束以后,老师提醒想要上厕所的小朋友,先去小便然后洗手吃点心。张杰慢慢地站起来,在其他小朋友叫着"我去""我不去"时,好奇地看着大家。他未发一言,突然走向洗手间,里面已经有三个女孩。小曾与小徐正在小便,小秦站着等。张杰走过小秦旁边,直到一个介于墙壁与马桶间的小角落。他全神贯注于正在小便的小曾身上。"小秦,我好了。"小曾说完开始穿上内裤。这时张杰走出这个角落并在她面前跪下。他没有讲任何话,一只手拉开她的松紧带和裤子,另一只手拉起她的上衣。她看着他。他小心翼翼地戳着她的肚脐,面露好奇的神色。她也跟他一样困惑住了。他们都未发一言。其他孩子都看着他。老师对小曾说:"你最好赶快起来,小曾,别人在等候。"张杰跟小曾都抬头看她,小曾拉起裤子,张杰走去洗手,然后回到活动室。

幼儿午睡行为的观察记录

陈林不安地躁动着,不时玩着手和脚。他的头边有一只小毛绒玩具熊,他不时地把它用一只手抛向空中,试图接住,但却不成功。他喃喃抱怨并丢掷着,蒙进毯子里后再出来。他伸展一下身体,一只手放在口中,看起来很疲倦。突然间他又躲进毯子里,吹着只有自己听得到的口哨。这时一名老师走向衣柜。陈林抬头看着她拿皮包离去。随后他又跌坐在小床上,再度回复到一开始的动作玩着手、脚和毯子边缘。他环顾着屋里的椅子和床,并一直玩着手指、脚和毯子。他突然大声地拍手。老师注意到他的举动,提醒他现在是午睡时间,别的孩子正在睡觉。他看了老师一会儿,然后躺下来,直到午睡结束都未再出声。

以上分别对儿童进餐、如厕、午睡等方面进行了观察与记录。对于儿童来说,他们是一个个完整的个体,虽然我们有时候因为一些需要对儿童进行单个方面的观察分析。但是在很多时候,我们还是经常会采用完整观察的模式,例如在新生到来之前的观察。而且,一个儿童的行为不是孤立的,他的行为模式会在各个方面显现出来。儿童的任何反应都是他个人独有的,这些记录可以告诉我们儿童在托幼机构时的独特反应。凭借这些点点滴滴的资料,渐渐可以观察到模式的形成,我们才能看到儿童真正的面貌。虽然儿童的行为模式极其丰富,但是我们还是可以进行定义和归类。以日常活动时孩子的行为观察为例:

1. 日常活动开始时、进行中、结束时的态度

(1)轻松地接受/顺从/直接或间接地抗拒/流露出紧张或恐惧神色;

(2)有兴趣。

2. 显现出独立或依赖性

(1)必须加以提醒/自行负责且主动;

(2)接受或拒绝协助。

3. 对日常活动有一致性的情绪反应

兴奋/厌恶/轻松/有自信。

4. 协调与行为能力、节奏与时间长短

5. 孩子在群体活动中的行为效果

6. 日常活动的社交功能

7. 成人的参与及孩子的反应

(1) 对成人所制定的群体活动程序的反思;

(2) 对个人的关注。

8. 肢体功能的展现

(1) 进食的量;

(2) 睡觉的时间;

(3) 小便的频率;

(4) 放松的能力;

(5) 休息的需求。

9. 在日常活动中显现对同性与异性的认知程度

10. 社交困惑

(1) 在如厕、穿衣与脱衣时过度的谦逊与炫耀;

(2) 依赖某件衣服;

(3) 挑食/把食物含在嘴里/拒食/吃不下固体食物;

(4) 肢体过度紧张/无法放松/盲目崇拜;

(5) 过度渴求老师的注意;

(6) 老师对待孩子的特殊态度以及其原因;

第二节 在游戏中观察儿童

情境导入

幼儿的主要活动是游戏,张老师希望通过了解幼儿游戏来了解幼儿发展水平,包括游戏水平。幼儿游戏种类繁多,在幼儿游戏过程中,应该运用什么方法来观察,她感到无从入手,而在观察过程中该记录哪些幼儿的行为,观察的要点又是什么呢?

一、观察在儿童游戏中的价值

要了解儿童的游戏行为,主要的方法就是观察。教师经常观察儿童的游戏,但是这种观察往往是偶然的、无目标的,其结果是"几乎不知道儿童在游戏时间都做了些什么"。教师在游戏中的观察有两种,一种是随机观察,一种是有目的的观察。所谓有目的的观察,是指根据事先设定的儿童各种行为的发展水平指标,持续有针对性的观察。许多时候我们会根据教育和研究需要,在游戏前设计观察内容,即确定目标儿童(有目的地观察某个儿童),或确定目标行为(有目的地观察某一方面的行为),以便通过观察分析确定有针对性的教育方案。作为一名教师,对儿童游戏的观察,主要有以下几个方面的内容:儿童的兴趣、儿童行为的类型、行为的持续时间、行为的目的性、影响行为的因素、行为的社会性和情绪状态等。

游戏是学前儿童的主要活动,儿童在游戏中的表现最为真实,所以常说游戏是观察儿童心灵的窗口,教师作为儿童游戏过程的指导者,并且在指导的过程中进行观察,其目的就是了解儿童和指导儿童。因此,对于教师来说,采用合适的方法细心观察儿童的行为有着极其重要的价值。教师在游戏中能观察到通过测量无法了解的行为,由此对儿童做出的推断误差小,从而能从本质上认识儿童的游戏水平,了解儿童。

游戏又是一种复杂的现象,为了使观察更有意义,观察必须是系统的、有条理的。观察者必须了解观察的目的,必须掌握一种收集信息的方法。通过观察游戏中的学前儿童,教师能得到游戏活动中的很多信息:儿童喜欢什么游戏,他们偏爱什么游戏,喜欢在什么地方进行游戏,他们偏好参与什么主题的游戏,在游戏中怎么和同伴交往等,这些都是儿童认知发展和社会性发展的宝贵信息。

儿童的游戏行为是儿童发展水平的反映,因此,对儿童的任何游戏行为都能做出发展意义的解释。教师应在游戏中进行观察,根据自己对儿童发展方面的知识经验,去关注儿童的每一个寻常时刻,作为自己了解儿童、引导儿童的依据。

二、儿童游戏的观察要点及发展提示

教师要从儿童游戏行为和情感态度中学习分析儿童的需要、经验背景以及动作、语言、情感、认知和社会性等方面的现有发展水平,为设计教育环境、投放材料、组织教育活动收集信息,以下是学前儿童游戏行为的观察要点及发展提示。

表 5－1 儿童游戏行为的观察要点和发展提示

	观察要点	发展提示
表征行为	能否清楚地分辨自我和角色的真和假	自我意识
	出现哪些主题和情节	社会经验范围
	动机出自物的诱惑、模仿、意愿	行为的主动性
	行为仅仅指向物还是指向其他角色	社会交往、语言表达
	行为指向哪些相对应的角色	社会关系认知
	行为与角色原型的行为、职责的一致性程度	社会角色认知
	表征行为同主题情节的复杂性和持久性	行为的目的性
	行为是以物品为主还是以角色关系为主	认知风格
	是否使用替代物进行表征	表征思维的出现

	观察要点	发展提示
	同一情节中是否使用多物替代	想象力
	替代物与原型之间的相似程度	思维的抽象性
	用同一物品进行多种替代	思维的变通和灵活
	用不同物品进行替代	思维的变通和灵活
	对物品进行简单改变后再用以替代	创造性想象

	观察要点	发展提示
构造行为	对结构材料拼搭接插的准确性和牢固性	精细动作、手眼协调
	对造型是先做后想，还是边做边想，或先想好了再做	行为的有意性
	构造哪些作品	生活经验
	是否按规则对材料的形状颜色有选择地进行构造	逻辑经验
	构造行为注重构造过程还是不同程度地追求构造结果	行为的目的性
	是否会用多种不同材料搭配构造	创造性想象力
	构造作品外形的相似性	表现力
	构造作品的复杂性	想象的丰富性
	是否能探索和发现材料特性并解决构造中的难题	新经验与思维变通

	观察要点	发展提示
合作行为	独自游戏、平行游戏、合作游戏	群体意识
	更多主动与人沟通还是被动沟通	交往的主动性
	更多指示别人还是跟从别人	独立性
	是否会采用协商的办法处理玩伴关系	交往机智
	是否同情关心别人或取得他人的同情和关心	情感能力
	交往合作中的沟通语言	语言与情感的表达与理解
	是否善于调整自己的行为以及适应他人	自我意识

	观察要点	发展提示
规则行为	是否能爱惜物品、坚持整理玩具、物归原处等	行为习惯
	是否使用一定规则解决玩件纠纷	公正意识
	是否喜欢规则游戏	竞赛意识
	是否自觉遵守游戏规则	规则意识
	是否创造游戏规则	自律和责任
	游戏规则的复杂性	逻辑思维

三、儿童游戏的观察方法列举

应该说所有的观察类型都可以被运用于观察儿童的游戏，但是最适合的应该有以下三类:行为检核、等级评定和轶事记录。前两种有较严谨的结构,指明了观察对象和记录方法,简洁易行,但却在一定程度上忽略了儿童游戏的行为和环境的信息。而轶事记录却恰恰相反,其对结构的限制很少,观察者只需将对游戏的描述记录在空白的卡片或纸上就可以了。虽然轶事记录的方法比行为检核法要花费更多的时间,但却在儿童游戏活动和内容方面容易获得丰富的资料。因此,作为游戏观察者,就必须在使用的方便和记录的翔实中做出选择。

(一)轶事记录法在游戏观察中的应用

观察者经常会在儿童游戏时运用空白便笺纸记录儿童的游戏行为,并把它放在活动室的醒目之处,保证随时取用。首先,可以让教师随时记录儿童的游戏状况、观察要点、即时的感想,且不拘于任何形式。其次,有利于期末时教师对所有材料的整理,展示个别儿童的案例,分析个别儿童的发展轨迹,形成个别儿童的游戏案例集。再次,便于张贴,有利于和家长、园长的沟通,让家长在"家园联系园地"上随时了解儿童在园的情况。

在描述的方法中,经常被运用的是轶事记录法。如表5-2,可用于为游戏过程中发生的有意义的事件备案,即那些能够反映儿童的游戏能力和其总体的社会性、认知,以及身体发展方面的事件。

表5-2 幼儿游戏观察记录表1

日期:	班级:	幼儿姓名:	观察者:

但是这种方法也存在着一些缺点。主要的缺点在于积累资料时不便于根据行为发展归类,比较难以对儿童的行为进行分析,特别是不同水平教师的观察记录会有较大的差异。为了在一定程度上弥补这种不足,可以采用表5-3的记录方式。

表5-3 幼儿游戏观察记录表2

日期:　　　　　班级:　　　　　幼儿姓名:　　　　　观察者:

幼儿游戏情况实录	分析

以上这种记录表格的优点在于能将一个儿童在游戏中的活动过程进行分解式的分析,将分析指向过程中的不同行为,以避免笼统的分析评价,使教师更深入地理解儿童的游戏行为及游戏水平。

以上只是对一名儿童游戏的观察记录表格,如果要对全班儿童的游戏情况进行观察记录,可采用表5-4。

表5-4　幼儿游戏观察记录表3

日期：　　　　　　　　　　班级：　　　　　　　　　　　　　　观察者：

幼儿游戏背景：
幼儿游戏行为实录：
教师分析及调整：

这种对于全班儿童游戏进行记录的表格,强调了对游戏背景和游戏过程中儿童行为的描述和分析,有利于教师对班级儿童游戏的全面把握,从而客观地分析全班儿童的游戏水平。但是同样的道理,由于这是对全班儿童游戏的描述记录,和表5-3相比,就不如其对个别儿童的描述那么详细。

如果要对儿童游戏的不同类型进行观察记录,可以采用表5-5。

表5-5　幼儿游戏观察记录表4

日期：　　　　　时间：　　　　　班级：　　　　　　　　观察者：

	观察要点	幼儿游戏行为
区域游戏		
角色游戏		

(续表)

	观察要点	幼儿游戏行为
户外游戏		
教学游戏		

　　这种记录表格的优点在于教师能在各类游戏中记录最具代表性的儿童游戏的情况;记录的是全天活动中儿童的表现;能帮助分析班级儿童在不同游戏中的水平差异,能较为完整地分析班级的整体水平;安排观察要点这一项目,有利于教师明确观察的目的,并在活动结束后分析、思考儿童的行为。但是这种记录方式还是有其不足:缺乏对个别儿童的详细记录,教师无法准确地描述个别儿童的游戏水平,也缺乏同一游戏中儿童各种水平的描述。

　　以上这些记录方法同样可以用于对游戏中的儿童对游戏材料玩法的描述,见表5－6。

表5－6　幼儿游戏观察记录表5

日期:　　　　　　　时间:　　　　　　　班级:　　　　　　　观察者:

材料	雪花片
目标	手眼协调、空间想象(颜色、形状、对称)
玩法	照片插塑:大桥、楼房 实力模仿:电风扇、洗衣机
游戏行为	

表5-6是一种以目标为导向的材料投放方式,它试图通过儿童的个别操作,达到特定的认识目标。这样的记录是为了使教师了解儿童实际游戏行为与目标之间的距离,从而加强指导的目的性和有效性。但是必须注意处理好目标导向与儿童发展的可能性,以及教师的指导意图与儿童行为自主性之间的关系,见表5-7。

表5-7 幼儿游戏观察记录表6

材料投放	教师在活动室里放置了一筐雪花片,幼儿在各种游戏中可根据游戏的需要随意拿取	
幼儿姓名	幼儿行为	行为分析
大大	在角色游戏中拿了许多雪花片,放在碗里当"饭",她说这样碗里就有东西了	替代
烁烁	把雪花片不停地放入水杯,使半杯水一点点升高为一杯水	实验探索
麒麒	做电脑学校的校长,他在每个小朋友的胸口贴了一片雪花片,他说那是电脑学校校徽	替代
扬扬	天平秤上称东西,一边放东西,一边放雪花片。当两边一样平时,便数雪花片有几片,表明东西有多重	计算
天天	做"东方明珠塔",作品的材料是雪花片	构建动作
圆圆	把雪花片当成钱	替代
珊珊	博物馆中,有许多雪花片,他说这是古代的钱币	替代
分析:雪花片是幼儿园最常见的低结构游戏材料,不同层次的幼儿都可用它开展活动,玩出不同的花样来,幼儿的游戏行为表明了幼儿的发展水平。教师对材料玩法的记录,可以看出幼儿的创造性表现和实际发展水平。		

(二) 行为检核法在游戏观察中的应用

在观察记录中,教师经常会采用一些更节省时间、更方便的记录方法,如行为检核法。表5-8可用以游戏中幼儿注意力分散行为的观察记录。

表5-8 幼儿注意力分散行为记录表

亲爱的家长,您好!

这是一份由本幼儿园制定的量表,主要目的在于探究幼儿注意力分散行为,所谓"注意力分散"是指幼儿并未进行他应该进行的事情。您填写的答案无所谓好坏,都是为辅导幼儿之用,我们非常需要您的合作与支持。您的宝贵意见,将促使我们的孩子健康成长。

* * * *幼儿园

年 月 日

填答注意事项:

1. 本份问卷记录表只有四大项共有6—8个选项,请您依据实际情况,用"√"方式选出一项或多项最合适的答案。

2. 在备注栏内,可填写问卷中所遗漏的答案。

(续表)

3. 请您在两个星期中抽出一小段时间(每天)观察您的孩子,若有发现注意力不集中的情况,请记录下来,谢谢合作。

4. 请于_____年____月____日让您的孩子把此纪录交回本园。

儿童姓名:_____ 年龄:_____岁_____个月

性别:□男 □女

您是幼儿的:□父亲 □母亲 □兄姐 □其他

填答日期:_____年____月____日

(三)等级评定法在游戏观察中的应用

等级评定法与行为检核法有些相似,它们均是将注意集中在特定的行为并提供适当的信息记录形式。然而,等级评定法却不仅限于揭示行为的出现或缺失,在等级评定法中运用这些量表,允许观察者对出现的行为所达到的水平进行评定,并可以判断行为质量的高低。

等级评定量表适用于对那些难于检测的广泛的行为进行判断,也易学易用,允许评定者基于对个体儿童长期观察所积累的知识做出评定。但是与行为检核法相比,这些量表所需要的判断受观察者主观性评判的影响更大,所以在使用时必须注意。

表5-9这种观察记录的方式,是集合了描述的方法和评定的方法来进行的。表格的上半部分可以让教师记录个别儿童游戏行为,这需要教师非常仔细地观察和记录。表格的下半部分给了教师一些评价标准,教师可以根据游戏行为评价儿童的游戏能力及游戏水平,便于教师准确地了解儿童的真实能力。教师在对所积累的每个儿童的资料进行综合分析时,便于按线索进行归类,以便做出评价。但是这样的评价也有缺点。首先,它需要教师有较高的分析能力,因为一个游戏片段往往能同时反映出儿童的各种行为水平。其次,对儿童的分析一旦指标化,就显得苍白且过于注重结果。最后,这样的记录无法体现教师的反思与调整。

表5-9 幼儿游戏观察记录表7

日期: 时间: 班级: 幼儿: 观察者:

幼儿游戏行为实录																			
教师分析																			
象征行为				构造行为				替代行为				合作行为				规则行为			
Ⅰ	Ⅱ	Ⅲ	Ⅳ	Ⅰ	Ⅱ	Ⅲ	Ⅳ	Ⅰ	Ⅱ	Ⅲ	Ⅳ	Ⅰ	Ⅱ	Ⅲ	Ⅳ	Ⅰ	Ⅱ	Ⅲ	Ⅳ

案例分析

采用社会性/认知评定表观察记录游戏

下面的例子表明了如何采用社会性/认知评定表来对游戏的不同类型进行编码：

（1）两个孩子正在厨房区活动,他们每个人都在假装做菜准备一顿饭,孩子们都注意到对方的活动,但都没有合作。（平行戏剧性）

（2）几个孩子在房间里相互追逐。（团体功能性）

（3）一个孩子搭起了积木,周围没有其他的孩子。（独自建构性）

（4）几个孩子在玩伦敦桥的游戏。（团体规则性）

（5）三个孩子在地板上用塑料锁扣积木搭制了一个变形机器人,当时他们之间没有互动。（平行建构性）

（6）第五项中的三个孩子假装他们的变形机器人正在用激光枪战斗。（团体戏剧性）

（7）一个孩子独自一个人使用一个玩具电话打电话。（独自戏剧性）

（8）一个孩子正在观看厨房区里其他孩子的活动。（旁观,非游戏）

（9）几个孩子在图书区看书。（非游戏活动）

（10）两个孩子在地上推玩具汽车。没有装扮迹象,也没有互动。（平行戏剧性）

（11）三个孩子在表演医院里的场景。一个扮医生,一个演护士,一个演病人。（团体戏剧性）

（12）一个孩子在地板上拍球,另外几个孩子在旁边堆积木,他们没有与这个孩子互动。（独立功能性）

（13）一个孩子在徘徊,没做什么特别的事。（空闲,非游戏）

（14）几个孩子协作搭一辆火车。（团体建构性）

（15）两个孩子在科学兴趣区喂仓鼠。（非游戏活动）

知海拾贝

教师观察什么,如何观察与记录,怎样从观察到的游戏行为中做出准确的判断,这就是教师观察记录游戏的要点,同时也是一名教师应具备的基本技能。所谓会观察,就是要看到孩子的游戏行为与发展的关系,即这些游戏行为意味着什么。列举些问题可以作为教师观察幼儿游戏行为时的切入点。

①　此时幼儿游戏的兴趣是什么？是否有稳定的兴趣？

②　幼儿正在进行的是什么类型的行为？（装扮、建构、交往……）

③　幼儿的这个行为能坚持多久？

④　这个行为隐含了哪些发展的层面？

⑤　幼儿对这个行为的已有经验有哪些？又扩展了哪些新经验？

⑥　幼儿这个行为的目的性如何？

⑦ 有哪些因素会影响这个行为的延伸?(动作技能、表征的复杂性、经验……)

⑧ 幼儿是否按规则行事?

⑨ 幼儿是以什么技巧与他人合作的?(表情、动作、语言)

⑩ 是主动交往还是被动应答?

⑪ 是成功交往还是失败交往?(导致成功和失败的原因)

⑫ 更多的是接纳别人还是排斥别人?

⑬ 能将别人的行为整合到自己的行为中吗?

⑭ 幼儿情绪体验怎样?(是积极的还是消极的?)

⑮ 幼儿对情绪过分控制、适当控制,还是不易控制?

第三节 在集体教学活动中观察儿童

情境导入

《纲要》在多个部分指出,幼儿园教育应尊重幼儿身心发展的规律和学习特点,教师应耐心倾听,努力理解幼儿的想法与感受,尊重幼儿在发展水平、能力、经验、学习方式等方面的个体差异,因人施教,关注幼儿的特殊需要等。实习老师小芳很想知道,怎样才能在"了解"的基础上"尊重"幼儿的"发展水平、能力、经验、学习方式等方面的个体差异"?

一、观察在儿童集体教学活动中的价值

《纲要》在第一部分"总则"的第五条中提到:"幼儿园教育应尊重幼儿的人格和权力,尊重幼儿身心发展的规律和学习特点,以游戏为基本活动,保教并重,关注个别差异,促进每个幼儿富有个性的发展。"在第三部分第十条中提出:"教师应耐心倾听,努力理解幼儿的想法与感受","尊重幼儿在发展水平、能力、经验、学习方式等方面的个体差异,因人施教,努力使每一个幼儿都能获得满足和成功","关注幼儿的特殊需要,包括各种发展潜能和不同发展障碍"。这些语句都从不同角度告诉我们,在幼儿的教育活动过程中,我们需要了解每一个儿童的不同情况,这样才能使他们得到最好的发展。这样的价值观应该说早已被广大保教人员所接受,问题是我们如何鉴别幼儿的这些由各种原因形成的差异。新课程要求我们关注儿童的已有经验,而要真正了解儿童,就需观察先行。课程改革要求教师承认儿童的发展是有差异的,要善于发现差异,实施因人而异的教育活动。承认差异,是属于观念层面上的问题,而发现差异则需要教师的细心观察与准确到位的分析,"关注幼儿在活动中的表现和反应,敏感地察觉他们的需要,及时以适当的方式应答",在此基础上才有可能实施有差异的教育,

从而使儿童获得有差异的发展。建立在对儿童观察基础上的记录与分析，可以作为对儿童形成性评价的依据，便于教师和家长认识、了解和关注儿童的个体差异，更好地制定教育教学方案，特别是个体化的方案，以实施个性化的教育。

教育活动过程是一个不断观察、记录、分析、计划的过程，无论是教育活动目标的制定，还是教育活动内容的选择，以及教育活动的实施，都需要教师观察儿童，倾听儿童。例如，在活动目标的制定方面，只有在对儿童充分观察分析的基础上，才能制定出适合儿童发展的目标。"学校的教学路线和学习途径假定：如果学校中的主体（教师和学生）可以适当地回忆、重新审查、加以分析并重构教学和学习的过程，那么教学和学习的意义是最充分的。通过深入地对活动情况的记录，使用语言、图片、学校里常见的视听技术和其他记录设施，教育过程可成为具体可见的。"

具体来说，通过观察可以了解学前儿童已有的知识经验。儿童的经验获得是多途径的，他们通过与教师、家长、同伴、活动材料、环境等的互动，不断地获取信息和积累感性经验。观察者可以深入学前儿童中，观察他们的言行，倾听他们的交谈，就能不同程度地了解到近阶段儿童所获得的各种经验内容。通过观察还可以了解儿童能力的发展。在托幼机构中，对学前儿童能力的了解除了通过量表考查以外，主要是通过观察进行。观察的方法能更真实全面地反映学前儿童能力发展水平。通过观察可以了解儿童的心理需求。一般来说，学前儿童的心理变化往往能通过语言、表情、动作等方式表现出来。观察者可以通过对儿童外部行为特征的分析，理解儿童的心理状态。最后，通过观察可以了解儿童个体的学习方式。观察者往往是教师，要使即将开展的教学活动能够吸引儿童，满足他们的不同需求，就需要通过观察来了解，了解儿童的兴趣，了解儿童是如何与他们的同伴进行交往，如何与环境、材料进行互动，如何表达自己的经验等个体的学习特点。

二、儿童集体教学活动的观察要点

（一）观察对象的选择

幼儿园教学活动组织方式的多样性，决定了在教学活动中，可以选择的观察对象也是不同的。根据观察时目的和角度的不同，可以将观察对象分为个体活动、小组活动和集体活动。

1. 个体活动

对个体活动的观察一般采用个案研究的方法。观察者可以对某个儿童的某个方面在各个阶段的表现做出详细的观察记录，根据这些发展变化的资料得出科学的结论。也可以因为某个儿童的特殊事件，采用一些方法进行观察记录。对个体活动进行观察记录，教师能根据活动目标，为这些儿童进行具体设计。

2. 小组活动

在小组活动中，儿童会表现出各自不同的行为，这样就给教师观察儿童的能力、性格等提供了一个自然的机会。教师可以利用各种小组活动的机会，将需要观察和记录的资料保存下来。保存这些资料,既有利于教师进行评价和制定计划,还可以成为今后指导小组活动以及与儿童互动的一个基础。如在区角活动中,教师通过观察可以了解儿童参与活动的状况、使用材料的情况以及儿童言语、合作等行为表现和认知水平。这样可以发现儿童在活动中产生的问题,及时调整教学内容。在区角活动中,每个儿童可按自己的方式进行学习。如果教师一发现儿童有困难,就急于帮助,反而不利于儿童的主动发展,但是教师如果对儿童的困难熟视无睹,他们也会丧失信心。因此,当观察到儿童反复几次尝试均未成功时,教师应及时提供指导与帮助。在对小组活动进行观察时,可以从以下几个方面着手:

(1)幼儿对哪些事物感兴趣?

(2)幼儿对哪些材料感兴趣? 这些材料是从哪儿得来的?

(3)提供操作的材料和物品,是否足够提供给每一个幼儿进行活动?

(4)是否需要提供一些附加品给幼儿?

(5)小组活动中怎样才能激发幼儿的新想法? 又能避免过分干扰幼儿的活动?

通过这样的观察记录,以及之后的分析,可以使教师明确自己的教学行为的适宜性,更好地组织幼儿的活动。

3. 集体活动

这里的集体活动是指全班参与的高结构的集体活动,和小组活动有所不同。在高结构的集体教学活动中,作为教师要随时观察儿童的状态和行为表现,并以此为依据合理调控并实施自己的教育行为与策略。在集体教学活动中,可以观察儿童以下几个方面的状态:

(1)参与状态。观察幼儿是否全员参与,从幼儿的举手率就可以获得一定的答案。观察是否有的幼儿还参与"教",把教与学的角色集于一身。有的幼儿乐意把自己生活中的经验告诉老师或其他小朋友。

(2)交往状态。观察在活动中幼儿是否有良好的合作氛围。在同伴间互相合作或商讨的过程中交流自己所获得的各种信息。

(3)思维状态。观察幼儿是否敢于提出问题、发表见解,看问题与见解是否有挑战性与独创性。

(4)情绪状态。观察幼儿是否能自我控制与调节学习情绪。

(5)生成状态。观察幼儿是否在活动中产生新的问题与思考。如果在教学中,作为执教者的老师对观察到的幼儿的状态不理想,那就要首先从自身的教学行为上查找原因。思考自己的组织能力如何,包括自己教学活动的组织、引导语的组织,是否将注意力从自己的思想或教案转移到全班幼儿的思维,以及自身的教学机智等。

(二)观察内容的确定

在教学活动中,教师想要知道教些什么,如何教,都可以通过对学前儿童的观察来获取信息。教师通过聆听、观看、对幼儿的发问予以回答的方式,可以了解到幼儿兴趣、需要、知识经验、能力等多方面的信息。如在幼儿园班级活动室里、在绘画桌或手工桌前、在幼儿园室外活动场地和园地上、在滑梯或攀登架旁,都是观察与记录幼儿活动的极佳场所。在这些场地上,通过对幼儿各项活动的观察,能了解幼儿可能会遇到的困难,了解幼儿在何时何处需要何种帮助。因此教师可以在幼儿园教学活动实施过程中,进行多种方式的观察记录,其内容也是包含多方面的。可以从《纲要》的五个领域来分析,了解观察资料是如何支持并发展五大学习领域教育实践的。

(三)找准观察的角度

对教学活动过程的观察是一种有目的、有计划的观察。这种有目的的观察往往是事先设定了观察的目标,这个目标可能是指确定的目标儿童(有目的地观察一名或一群儿童),也有可能是指确定的目标行为(有目的地观察儿童某一方面的行为)。要观察幼儿园的教学活动,必须解构教学活动,可以为教学活动过程中的观察明确一个观察框架。教学活动涉及的因素很多,需要有一个简明、科学的观察框架作为具体观察的"抓手"或"支架",才能使观察不至于陷入随意、散乱的状态。观察框架包括四个维度,即学生学习、教师教学、课程性质、课堂文化。我们从幼儿园教学的实际出发,也是根据本书的重点,着重从幼儿的学习方面来考查对教学活动的观察。根据这样的观察框架,就比较容易找准观察点。因为教学活动是错综复杂的,要同时观察到过程中的每一个人和每一件事是不可能的。这就更加需要观察者能明确地知道自己需要什么,需要了解哪些情况。以下几个方面可以作为观察角度的参考。

(1)儿童的兴趣点:通常喜欢玩什么? 对哪些事物感兴趣?

(2)儿童的学习内容:儿童有些什么样的经验? 这些经验是否能够支撑学习今天的内容? 什么是儿童今天应该学习的?

(3)儿童的行为类型:儿童的行为属于哪一种类型? 是表征行为/构造行为/合作行为/规则行为/其他行为?

(4)儿童与环境、同伴的互动情况:他是用什么方法作用于事物的? 提出了什么问题? 产生了哪些认知冲突? 他是怎么解决的?

(5)儿童的情绪体验:自主程度、参与程度、愉悦程度如何? 专注、持续的时间有多久?

(6)影响儿童行为的因素:在解决问题的过程中遇到的困难是什么? 是知识技能的缺乏所致,是过程与方法的失当所致,是积极的情感与态度欠缺所致,还是环境所致?

案例分析

体育教学活动"小袋鼠拜年"(练习夹包跳)的实况详录

小陈拿着一个沙包,不是整个拿而是提着一只角,站在一边看小朋友来回穿梭夹包跳着"送礼物"。老师走过去对她说:"小陈会不会跳?"她低头不理会老师。老师说:"老师和你一起跳吧?"小陈找借口说:"我脚痛,跳不起来。"老师便假装当医生,拍了拍她的脚说:"好了,脚治好不痛了。"接着又说:"你给老师送礼物好吗?"考虑到小陈跳的动作不协调,第一次,老师牵着她的手,不夹包双脚连续跳到另一端(她显得有点气喘吁吁了)。第二次,老师帮助她把沙包夹好,然后站在对面用信任的眼神鼓励她。小陈犹豫了一下,老师向她招手,"快过来吧!"小陈终于跳了起来,跳的频率比较慢,又怕沙包丢了中间还用手扶住。到了目的地,老师高兴地接住了她的"礼物",抱住她,直夸她"真能干"。小陈低下头,似乎很害羞。老师请她再来一次,她却摇摇头。

一般幼儿都能积极地参与活动,小陈却显得被动、退缩和自卑,不愿意尝试活动。要让她能较主动地参加体育活动,为其营造良好、宽松、和谐的活动氛围是十分重要的。案例中,教师没有给孩子任何压力,给予她的是关注和鼓励,通过游戏的形式让孩子参与活动,消除了孩子的心理顾虑。小陈做出了信任老师的表现,完成了任务。"夸奖"这种积极的评价,让孩子获得了被重视、被肯定的心理感受,对老师的信任感也会由此产生,缩短了和老师的心理距离。

以上是一个实况详录法的例子,在这个案例中,既看到了儿童(小陈)的运动能力,也反映了教师如何在体育活动中鼓励幼儿积极参与。这既涉及身体健康,同时也涉及心理健康的问题。

知海拾贝

五大领域活动中的观察

一、健康教育活动中的观察

《幼儿园教育指导纲要(试行)》明确提出:"幼儿园必须把保护幼儿的生命和促进幼儿的健康放在工作的首位。"这一提法具有深刻的理论依据和深远的实践意义。学前儿童健康领域主要关注幼儿的身体和心理健康,通过这一领域的发展,幼儿要达到以下的目标:

(1)身体健康,在集体生活中情绪安定、愉快;

(2)生活、卫生习惯良好,有基本的生活自理能力;

(3)知道必要的安全保健常识,学习保护自己;

(4)喜欢参加体育活动,动作协调、灵活。

首先,以上目标指出,学前儿童健康应包括生理健康和心理健康两方面,即身心和谐发展。其次,此目标强调保护与锻炼并重,既要掌握必要的保健知识,提高保护自身的能力,又要通过体育活动提高自身素质,包括了解必要的安全保健知识并提高相应技能,培养对体育活动的兴趣,增强动作的协调性和灵活性。再次,此目标注重学前儿童健康行为的形成,提高学前儿童的健康认识,改善学前儿童的健康态度,培养学前儿童健康的行为等。

在健康领域中,有一些是和第一章中提及的生活环节相关,同时,健康领域也可以通过专门的教学活动进行。因此,可以通过各种方法对学前儿童健康领域进行观察。

二、语言教育活动中的观察

语言领域关注学前儿童的语言运用能力的发展。《纲要》强调儿童的"语言能力是在运用的过程中发展起来的",认为发展幼儿语言的关键不是让幼儿强记大量的词汇,而是要引导幼儿多听、多说、多交流。《纲要》从以下几个方面提出了语言领域的目标。

（1）乐意与人交谈,讲话礼貌;

（2）注意倾听对方讲话,能理解日常用语;

（3）能清楚地说出自己想说的事;

（4）喜欢听故事、看图书;

（5）能听懂和会说普通话。

语言领域的教育既可以在日常生活中进行,也可以通过专门的教学活动进行,要根据研究和了解的目的,确定观察的内容,对学前儿童语言学习的听、说技能加以观察,对语音、词汇、语法、语用等情况进行观察记录。

三、社会教育活动中的观察

社会领域的教育是指以发展学前儿童的社会性为目标,以增进学前儿童的社会认知,激发他们的社会情感、引导社会行为为主要内容的教育。社会领域的教育是学前儿童全面发展的重要组成部分,是由社会认知、社会情感及社会行为技能三方面构成的有机整体,《纲要（试行）》中从以下几个方面提出了社会领域发展的目标:

（1）能主动地参与各项活动,有自信心;

（2）乐意与人交往,学习互助、合作和分享,有同情心;

（3）理解并遵守日常生活中基本的社会行为规则;

（4）能努力做好力所能及的事,不怕困难,有初步的责任感;

（5）爱父母长辈、老师和同伴,爱集体、爱家乡、爱祖国。

从以上内容可以看出,社会领域的目标是从两个维度提出的:一是社会关系的维度,包括学前儿童与自身的关系（自信、主动、自觉、坚持等）、与他人的关系（乐群、互助、合作、分享、同情）、与群体或集体的关系（遵守规则、爱护公物和环境）、学前儿童与社会的关系（社会职业、家乡、祖国、世界文化等）;二是心理结构的维度,包括认知、情感态度和行为技能等。对于学前儿童社会领域发展的观察,我们可以从以上这些方面着手。

四、科学教育活动中的观察

科学领域主要关注学前儿童与自然界的接触,以及如何去探知自然界中儿童能够了解的自然物和自然现象。通过这一领域的发展,学前儿童要达到的是以下目标:

（1）对周围的事物、现象感兴趣,有好奇心和求知欲;

（2）能运用各种感官,动手动脑,探究问题;

（3）能用适当的方式表达、交流探索的过程和结果；

（4）能从生活和游戏中感受事物的数量关系并体验到数学的重要和有趣；

（5）爱护动植物，关心周围环境，亲近大自然，珍惜自然资源，有初步的环保意识。

科学领域目标给我们提出了科学教育的价值，它不再是注重静态科学知识的传递，而是注重儿童的情感态度和探究解决问题的能力，以及与他人及环境的积极交流与和谐相处。因此我们在观察学前儿童科学学习的过程中，也就需要从以上这些方面去考虑：观察幼儿对周围自然环境有没有兴趣，好奇心和求知欲如何；是否能运用各种感官来探究事物，解决问题，是否有动手动脑的习惯和能力；能否用适当的方式进行表达和交流所探究的过程和结果；是否能体验到对数学的重要性和有趣？对数量关系的理解又如何；在生活中能否亲近大自然，是否爱护动植物，是否关心周围环境，有没有初步的环保意识和行为。

五、艺术教育活动中的观察

艺术领域包括音乐和美术两部分内容，它们有着共同的地方，即感受美、发现美和表现美。《纲要》中艺术领域的目标有以下三个方面：

（1）能初步感受并喜爱环境、生活和艺术中的美；

（2）喜欢参加艺术活动，并能大胆地表现自己的情感和体验；

（3）能用自己喜欢的方式进行艺术表现活动。

《纲要》中艺术领域的基本精神是要在树立新的艺术教育理念，并要求在新理念的指导下，实施新型的、科学型的艺术教育。艺术教育作为五大领域之一，有其独特的作用。同时在不同领域的交叉和融合过程中发挥着中介作用。因此，在进行艺术教育的时候，找准儿童的艺术发展水平以及他们的需求和兴趣，是开展艺术教育的基础，也使通过艺术教育"促进幼儿情感、态度、能力、知识、技能等全面和谐发展"成为可能。

视频观察

观察要求：对视频中的儿童游戏行为进行观察。

要点提示：

角色游戏观察要点	视频中的行为表现
假装和想象	主题、角色以及道具的假装和想象
角色扮演	服务员负责招待顾客，厨师负责制作饭菜，顾客表达需求

儿童行为视频

角色交往	服务员对顾客需求的问询,厨师与服务员的分工与配合
同伴交往	服务员提醒厨师,顾客的需求应由服务员来询问
语言交流	厨师与服务员之间,服务员与顾客之间,厨师与顾客之间
角色扮演的坚持性	顾客的注意力偶尔被其他区域的 纷争所分散,但并没有放弃角色的扮演

第六章　儿童行为分析的理论框架

本章概要

儿童的发展通常被分为五个领域：身体动作发展（粗大动作技能和精细动作技能）、认知发展（智能发展）、语言发展、社会性发展和情绪情感发展。虽然将儿童的发展分为五个领域，但是，每个领域之间是相互联系、相互影响、相互融合的。

观察幼儿是了解幼儿的基础，分析解释是观察的一部分，即使是最简单的描述也需要把信息归纳到某种理论框架中，这样我们才有可能走进现象的背后，用现象以外的事物说明该现象的原因。所以本章将重点介绍弗洛伊德的精神分析理论、格赛尔的成熟势力说、斯金纳的操作性条件反射、皮亚杰的认知发展理论、马斯洛的需要层级理论等，以帮助学习者重新组织先前的经验，了解幼儿看似简单的行为背后的复杂性与真正意义。

第一节　儿童行为分析的整体框架

情境导入

×××，男，中班。老师上课时，他用手推前面一个小女孩的椅子，小女孩转过头拉开他的手，女孩刚坐正，他又用手推，这样了几次后，小女孩举手告诉老师说："老师，×××推我的椅子。"老师走过来将小男孩的椅子往后挪了一下，让他坐下，老师刚走，他就把自己的椅子往前拖，然后用脚蹬女孩的椅子，女孩又举手告诉老师，老师过来一手拿着椅子，一手拉着男孩的手，将他带到教室前面放满积木的桌上，小男孩坐下来认真地拼了起来，一直到下课，他都没有任何声音。在看到该幼儿的上述行为时，你是否认为他是个注意力不集中的幼儿或认为他有多动症呢？你会如何解释他的行为呢？

儿童的行为发展被分为五个领域，五个领域以整合的方式，共同影响儿童。身体动作发展包括躯体的大小、比例、外表、躯体系统的机能、身体健康、粗大动作技能和精细动作技能等方面的发展；认知发展指智力方面的变化，包括感知能力、记忆、想象、思维、注意、问题解决、决策等，语言发展指语言方面的变化；社会性发展指人际技能、友谊、亲密关系以及道德认知、道德行为、社会化、性别角色等方面的发展；情绪情感发展包括情绪情感的发展特点以及情绪的表达和交流。我们将儿童行为分成几个领域,是为了给学习者提供一个认识儿童行为的框架,但是我们必须认识到,儿童的行为是一个整体,我们应从整体上认识幼儿。

一、动作发展

动作发展是人能动地适应环境和社会并与之相互作用的结果,动作的发展与人的智力行为和健康发展的关系十分密切。对于幼儿来说,动作的发展是很重要的一个方面,常被人们作为测定幼儿心理发展水平的一项重要指标。动作发展包括躯体和四肢的发展。一般将幼儿的动作发展分为粗大动作的发展和精细动作的发展。其中粗大动作,又叫大肌肉动作,是大肌肉或大肌肉群所组成的随意动作,常伴有强有力的大肌肉收缩、全身运动神经的活动以及肌肉活动的能量消耗。粗大动作主要包括颈部和四肢等大肌肉幅度较大的动作,决定着婴幼儿的抬头、翻身、坐、爬、站立、行走、跳跃、四肢活动以及躯体协调平衡等各种运动能力。精细动作,又叫小肌肉动作,是由小肌肉所组成的随意动作,一系列小肌肉动作构成了协调的小肌肉运动技能。它主要是指手的动作以及手眼协调,包括抓握、把弄、握笔、搭积木、书写、绘画和劳作等技能技巧。

儿童动作发展的特点:① 从上至下。儿童最早发展的动作是头部动作,其次是躯干动作,最后是脚的动作,沿着抬头—翻身—坐—爬—站—行走的方向成熟。② 由远而近。儿童动作发展从身体的中部开始,越接近躯干的部位动作发展越早,而远离身体躯干的肢端动作发展较迟。③ 由粗到细。大肌肉、大幅度的粗动作先发展,小肌肉的精细动作随后发展。随着神经系统和肌肉的发育,儿童开始学会控制身体各部位小肌肉的动作。

二、认知发展

认知是人最基本的心理过程,包括认识和知识。儿童的认知包括感知觉、记忆、注意、学习以及认知活动和交往活动中的语言运用和高级的心理过程(如意识、智力、思维、想象、创造计划策略的形成、推理、预测、问题解决、概念化、分类与关联、符号化和知识)。其中感知觉是认识活动的开端,是一切信息加工所需材料的来源。

儿童认知发展的特点:随着中枢神经的发展和生活范围的扩展,儿童逐渐发展各种基本的感知觉,但带有很大的随意性。无意注意、无意记忆和无意想象占主导。随着年龄的增长,意识性、目的性逐渐增强。思维具有直觉行动性和具体形象性。

三、情绪发展

情绪是对客观事物与人的需要之间关系的反映。情绪是情感的具体形式和直接体验,情感是情绪的经验概括。情绪是儿童行为的动机,并具有组织功能——情绪能不断发动和组织人的探究行为,促进或干扰认知的发展。情绪还能发挥人际交往的功能,如社会性微笑。

儿童情绪情感发展的特点：儿童情绪和情感不够稳定，甚至喜怒、哀乐两种对立的情绪也常常在很短的时间内互相转换，经常是"娃娃的脸，六月的天，说变就变"。儿童情绪和情感比较外露，孩子常常是"开心就笑，不开心就哭"。儿童情绪极易冲动，情绪的易冲动性在儿童初期表现特别明显，随着年龄的增长逐渐学会自我控制。儿童情绪的易感染性，容易受同伴情绪影响。

四、语言发展

儿童掌握了语言，便开始掌握了思维和社会交往的工具。儿童开始运用语言来影响认知，比如，不断重复一个小鸟的名字，从而帮助记忆；运用语言表达需要和情感，比如，妈妈我饿了；运用语言进行交往，比如用语言进行发起、协商等交往行为。儿童开始运用语言调节自己的动作和行为，认识世界时，就愈加显示出作为人类所特有的思维和交际特点。

儿童语言发展的特点：由于语音器官的成熟和大脑皮层的发展，儿童的语音能力迅速增强，一般到 4 岁时，儿童已经能够发出本民族或本地区语言的全部语音，并达到完全正确，此时也是词汇量增加最快的时期，对句型的掌握日益复杂，逐渐从简单句到复合句，从陈述句到各种句型，从无修饰句到修饰句，从不完整句到完整句。语言表达能力也逐渐从缺乏系统性、逻辑性的情境性语言过渡到连贯性语言，从对话语言过渡到清楚地叙述事件及经历的独白语言等。

五、社会交往发展

社会交往为儿童的活动与发展提供了重要的平台。在社会交往中形成了诸多影响儿童成长的情感，比如，儿童在与母亲的交往中，形成亲子依恋的情感；在与同伴交往中获得同伴依恋的情感。社会交往促进认知的发展，儿童无论在垂直关系，还是平行关系中，都会获得和练习新的智慧。社会交往促进了语言的语音、语法及语义和表述方面的发展。儿童在社会交往中所获得的各领域的发展也会反过来促进社会交往，使之内容更丰富。

儿童社会交往发展的特点：儿童最初的交往来源于与照料者一对一的交往，逐渐发展到同伴之间的交往。2 岁左右的幼儿在自我意识发展的同时，与小朋友交往的机会逐渐增多，但常常以自己的想法代替别人的想法，或者不会用合适的方式与别人交往。2 岁以后，幼儿更多的用语言来影响和谈论同伴的行为，并逐渐地表现出同情、分享、合作和助人等有益于他人的行为。

五个领域之间的相互融合、相互影响的特点，也使得我们在呈现儿童行为的分析时，具有多领域交叉的特点，即从多个领域找原因、做评价、找对策。同时，多领域交叉分析的特点也佐证了儿童行为是以整体的方式出现的。

案例分析

下面以对张皓宸的观察记录分析为例,来实践"儿童行为分析整体观"的理念。

观察日期:2018 年 8 月 6 日

开始时间:10 点 11 分

结束时间:10 点 20 分

观察对象:张皓宸　　性别:男　　年龄:5 岁 4 个月

　　　　　张　铭　　性别:男　　年龄:4 岁 1 个月

　　　　　赵　华　　性别:男　　年龄:3 岁 6 个月

　　　　　李　悦　　性别:女　　年龄:5 岁 6 个月

观察方法:实况详录法

观察目的:在游戏活动中幼儿的行为表现。

观察目标:在游戏活动中,张皓宸在动作、认知、语言、情绪情感、社会交往方面的表现。

观察记录:

张皓宸在摆积木,周围有三个小朋友(两个男孩和一个女孩)围观。他先将积木横着放,放了四块后再将积木的两端竖着放,他对赵华说:"请把你那边的积木拿给我。"说完,他趴着将不远处的积木拿到自己的身边。他一会儿竖着放,一会儿横着放。在他摆放的过程中,有两个小朋友要拿他的积木和车子,他都制止了。

一边放好后,他又在积木的右端继续放,这时一个叫李凯的小朋友过来要开他的积木,张皓宸不让碰,李凯小朋友就认真地看着。李凯小朋友被老师请走了。张皓宸继续在右侧摆放积木,将刚才右侧竖着放的积木继续移开,并且将右侧整个积木都向右移动了一格。他又将一块积木竖放在整个积木的右上端,并轻轻地将一块积木稳稳地放在竖放的积木上,说:"这是塔吊。"他继续在右侧摆放积木,然后把积木的下方围了起来。在左右两侧积木的正中间处侧着放了两块积木。最后他用两手推了推左右两边的积木,让它们排得紧一点。

他接过赵华和李悦递给他的四块积木,一块竖放在右侧下方,并在上方放一块积木。在右上方也同样地放着两块积木,还一边说:"这是塔吊",刚说完两块积木倒了。于是他将两块积木移到最下端,先竖着放一块,然后在其上方平放一块,一下子就放好了。张铭和赵华拿着他们的小汽车在轨道上绕着正中间的两块积木行驶,一边嘴里还发出"滴、滴、滴——"的声音。张皓宸一边对他们两个说:"不能撞,不能撞,不能出轨",一边用手把外边的积木放好。张铭继续在轨道上玩着自己的小汽车。

张皓宸转头对着旁边的李悦看了一眼,又继续回头摆放好被碰歪的积木。张铭右手拿着白色的汽车继续在轨道上玩,左手拿着一辆长长的火车,张皓宸一边伸手去拿他左手的火车,一边说:"不能在这,你在……"这时旁边的小女孩大喊:"张皓宸,我的飞机就要飞走了,快点,张皓宸,把它拿走了。"他看了看"飞机",又把头转回来。伸出左手拿张铭的小汽车,张铭没给他。他用右手指着后面的轨道说:"你到那边去,你走。"赵华拿着自己的玩具小汽车也在积木轨道上行驶,张皓宸伸手去拿,赵华将手缩了回去,张皓宸还是用左手从赵华手里拿走了小汽车。张铭将自己的白色汽车放在轨道上玩,张皓宸用右手去拿张铭的小汽车,张铭把手缩回去,并且把拿着汽车的手放在自己的两腿之间,但最后还是被张皓宸拿走了。张皓宸刚准备将两个小汽车连接起来。李悦在旁边喊张皓宸,这时张铭从张皓宸手里抢走了自己的小汽车,张皓宸盯着张铭看了一会儿。

张皓宸将头转向李悦,李悦将自己的一块积木放在他的身边,他将手里的另一个汽车给了赵华,并拿走了小女孩放在他身边的一块积木,把积木加放在正中间的积木上。张铭拿着自己的小汽车继续在积木轨道上玩,张皓宸用手拦着白色的小汽车说:"红灯,停,红灯,不许走,红灯,不许走。"张铭和赵华的小汽车都停了下来,但是,很快张铭继续拿走自己的小汽车在轨道上走起来,并且将上面最外围的积木都碰倒了,赵华看见了,也拿着自己的汽车,继续像张铭那样沿着轨道走,而张皓宸则一边在不停地扶起碰倒的积木,一边说:"出轨了,停止火车,停止火车。"但是张铭和赵华并没有停止,张皓宸分别用两手拿开了他们的手,将被弄得零乱的积木重新摆放紧凑而整齐。

摆好后,他用手按着一块积木说:"滴滴滴滴,红灯,滴!"张铭拿着小汽车在积木上走起来。这时,一个穿着蓝衣服的小男孩也拿着小汽车在轨道上玩,张皓宸拿开他的手,然后又抢他的汽车说:"我没欢迎你。"蓝衣服男孩就坐在旁边看。张皓宸推他的腿,张铭和赵华对着蓝色衣服的男孩依次连续地大喊:"我没有欢迎你!我没有欢迎你!"蓝衣服男孩一边看着他们,一边拿着汽车坐在旁边玩。这样连续喊了2次后,张皓宸去抢他手里的白色汽车,他不给。张铭拿着汽车在他头上敲了三下,赵华也拿着汽车敲了两下,蓝衣服男孩哭了起来,老师过来抚摸着他的头,并把他抱走。张皓宸朝着老师抱走蓝衣服男孩的方向大声说:"我们在这好好的。"转过头说:"对吧?"

张铭继续拿着小汽车在汽车轨道上玩,张皓宸不停将被汽车碰歪的积木摆放整齐,张铭的汽车走了几圈后,张皓宸说:"红灯,滴,红灯,滴滴。"说完,他到处寻找东西,他伸出左手拿李悦的积木,李悦不给,并说:"我不要嘛。"张皓宸抢到了积木,一边说:"就一个",一边竖起了一根手指头。他将拿到的积木竖着放在最外边,并介绍说:"这是红灯",指着另一个竖着的积木说:"这是绿灯。"

张铭和赵华拿着汽车在轨道上行驶,张皓宸说:"红灯,滴,红灯,滴",同时用手拦住了张铭的汽车,他又用右手将侧放的积木倒下来,说:"出轨,出轨。"张铭就在积木放倒的地方将汽车开到了外面,赵华也跟着这样"出轨"了。

张皓宸将火车周围的积木重新围好说:"重新开上。滴滴滴滴,红灯、红灯,10、9、8、7、6、5、4、3、2、1。"

张皓宸从旁边拿了一块塑料积木放在中间的积木上,说:"这是喷泉。"他又从旁边的积木区拿了一块积木回来放在最外围,对着刚才蓝衣服男孩说:"可以给我一个吗？给我一个小车？"蓝衣服男孩给了他一个汽车，张皓宸说："谢谢！"他拿着汽车在轨道上玩了起来，另一个小孩过来说："我可以和你一起玩吗？"

观察日期：2018 年 8 月 6 日

开始时间：10 点 40 分

结束时间：10 点 45 分

观察对象：张皓宸　　性别：男　　年龄：5 岁 4 个月

观察方法：实况详录法

观察背景：上一次课，老师给大家讲了《企鹅妈妈》的绘本故事，讲完后让幼儿动手拼企鹅，老师事先将企鹅身体各部分剪好，让幼儿选择纸片拼摆。

观察记录：

张皓宸先从纸盒子拿了一张画有企鹅身体的纸片，又从纸盒里找出画有企鹅头的纸片，将两张纸片拼了拼，这时老师发了一张白纸给他，他用左手将画有身子的纸片固定在白纸上，右手将画有企鹅头的纸片放在身子的上方，但还是企鹅的嘴巴在上，眼睛在下。

接着他又从盒子里拿出画有企鹅翅膀的纸片，放在纸上。他把画着企鹅身子和头的纸片拿在手里，在空中反复摆弄，然后放在纸上，但仍然放成嘴巴在上，眼睛在下。

张皓宸站起来，左手拿到了胶水，并将胶水瓶竖立在桌上。

他用双手挤胶水，可是挤了几次都没挤出来，他看了看胶水瓶口。然后换了一下坐姿，左手将纸片反过来，右手继续挤着胶水，胶水还是没有挤出米。这时，他用右手旋转开了瓶盖，把盖子套在胶水瓶的另一端，但是没套住，就把盖子放在了桌子上。他用左手固定纸片，右手挤胶水，把画有企鹅身体的纸片贴在纸上，又将画有企鹅头的纸片用左手固定，右手挤胶水，没挤出来，就用双手挤，胶水挤出来了，把它粘到了企鹅身子的上方。

接着，他用左手拿着胶水，右手将画有企鹅翅膀的纸片放在纸上，先用双手挤胶水，然后又用手固定纸片，最后将企鹅翅膀粘到了企鹅身上。并用双手的大拇指压了压纸片。

张皓宸伸出左手去纸盒里拿纸片，将拿的纸片在纸上对比了一下，又放回去。重新拿了一个画有翅膀的纸片，他把纸片放在纸上，双手挤胶水，然后用左手固定纸片，右手将翅膀贴在企鹅身体的左侧，并且用胶水盖子把纸片压平，再用双手继续压。

压好后，他站了起来，将远处装有纸片的盒子拿到自己的面前，从中拿出企鹅的脚并且粘好。

通过笔者的系统观察和老师所提供的资料，我们可以基本总结出张皓宸在 5 岁 4 个月时的行为特点：

1. 身体动作

在搭积木的过程中，无论是平铺还是垒高，都能一次性放好，搭建技能娴熟，精细动作发展良好。在拼企鹅、拼纸片时很准确，涂胶水时动作也比较精细，体现了他的精细动作和手眼协调能力较好。

2. 认知水平

无论是在搭积木还是在拼企鹅,张皓宸的注意力都比较集中,虽然有时会受周围同伴的影响,但还是会很快转移到自己正在做的事情上来。游戏中,张皓宸有计划地搭建积木,在搭建好的轨道上设有交警岗亭和喷泉,轨道旁边有红绿灯、塔吊,再现了搭建物和周围的环境,有丰富的认知经验。张皓宸在游戏中用长方形的积木代替红绿灯,把两块积木拼起来代表塔吊,用塑料的正方形积木代表喷泉,这些替代物的出现表明他已经具有表征思维,并且这些替代物和原型之间的相似度低,反映了张皓宸思维的抽象性水平较高。但在拼企鹅的过程中,企鹅的头部摆放一直不正确,说明他观察不精确。

3. 语言

搭积木的过程中,无论是对张铭和赵华行为的支配,还是遇到困难时寻求帮助,张皓宸都能用语言与同伴、老师沟通,表达自己的想法。

4. 情绪情感

张皓宸是一个情绪比较稳定的孩子。在搭积木和拼企鹅的过程中,虽然遇到了困难,但是张皓宸没有乱发脾气。在搭积木的过程中他会不断地调整积木摆放的方向和位置;在拼企鹅时,不知道各部分怎么拼,他不断地调整方向,不停地尝试,体现了他不怕困难、勇于克服困难的良好品质。

5. 社会交往

张皓宸在需要车子时,询问蓝色衣服的男孩说:"可以给我一个吗?给我一个小车?"表现了张皓宸遇到困难会用协商的口气寻求帮助,解决问题。当蓝色衣服男孩给了他一辆小汽车后,他说:"谢谢!"又体现了他良好的行为习惯。在遇到红灯时,要求张铭和赵华的小汽车停下来,反映了他具有规则意识。

总体来说,张皓宸各方面的发展都比较符合该年龄阶段的特点。但针对张皓宸对图片观察不精确,老师可以利用幼儿生活中的细致之处,多想办法,去设计一些细微情节,以培养幼儿细致的观察,如可以引导幼儿找两幅图片中不同的地方等。

技 能 训 练

对一名幼儿进行半天的观察,从身体动作发展、认知发展、语言发展、社会性发展和情绪情感发展这五个方面对他的行为进行分析。

第二节　儿童行为分析的理论依据

情境导入

　　小雨低着头,两只手在洗衣机中洗自己的袜子,然后还用手按洗衣机的按钮。妈妈看见了说:"小雨,下来,你这样很危险。"小雨说:"妈妈你这样,我也要这样。"妈妈继续说:"小孩子是不可以弄洗衣机的,有电很危险。"小雨没有听妈妈的话,继续去弄洗衣机。妈妈拔掉了洗衣机的电源插头。小雨这边扳扳摸摸,那边敲敲打打,弄了十几分钟,洗衣机还是没能转动起来,于是他大声地哭喊着:"我自己来""我要"。在幼儿园我们经常看到类似的现象,为什么幼儿经常表现出这种行为? 我们该如何理解这种现象?

　　认知是行为的基础,人的行为来自人的判断,而正确的判断来自正确的思维。当我们对儿童做出错误的判断时,就会产生一系列错误的教育行为。当我们认为刚出生的儿童无知时,我们就会忽视儿童的感知觉能力;当我们认为儿童的学习就是大量记诵时,我们就不会让儿童探究,而是参加大量的训练记忆的活动;当我们认为儿童的记忆只有机械记忆时,我们就不会让儿童运用意义识记;当我们认为儿童"三天不打,上房揭瓦"时,我们就会惩罚儿童,而不是了解、尊重儿童的想法。

　　从不了解到了解、理解儿童,要经历一番过程。关键在于我们要有好的思维基础,运用好的思维工具,并得出较为科学的结论。好的思维基础和工具,就是已有儿童发展心理学的理论和儿童发展常模。儿童发展心理学理论像是透镜,带着这样的透镜去过滤儿童行为时,会形成不同的分析视角、分析方法,并得出不同的结论。用丰富的心理学视角来审视,会发现儿童行为中丰富的内涵,也会更加立体地了解儿童行为,从而能更接近儿童的需要和意图。儿童发展常模也是如此,它为教师了解儿童的发展提供了参考依据。

一、理论运用

(一) 不能将理论当作一把尺子

　　有关儿童的理论有很多,本书主要介绍儿童发展常模(年龄目标)和儿童心理发展理论。除此以外,学前儿童教育学、儿童游戏理论、学前儿童思想史等理论知识也可以用来分析儿童行为。如何使用这些理论呢? 我们以使用儿童发展常模(年龄目标)和儿童心理发展理论为例,来说明使用方法。

　　儿童发展常模提供了同年龄儿童的发展表现,可以帮助观察者了解儿童的发展过程,也可以了解儿童各领域的发展趋势。观察者掌握儿童各年龄阶段的发展特点,有助于在观察前发现目标儿童,确定观察目的和观察目标,在观察时简单评估儿童的发展水平,为观察后的分析提供参照标准。

但是很多人将年龄目标当作一把尺子,来衡量、评价儿童的发展水平,其实这是一个错误的做法。比如,4—5 岁的幼儿精细动作的发展应能用筷子吃饭,某一个幼儿能做到,就认为他的精细动作发展能达到年龄目标,而另一个幼儿不能用筷子吃饭,不能直接就下结论认为他的精细动作发展迟缓,还需要考虑先天的遗传素质以及后天的教育。

儿童的个体差异很大,影响其行为的因素也比较多,机械地套用年龄目标,只能得出不恰当的结论。年龄目标不是考察儿童发展的唯一标准,他只是依据之一。例如,小班幼儿人际交往的目标之一是愿意和小朋友一起游戏。当我们观察到"有个小班幼儿不愿意和小朋友一起游戏",于是,机械地参照小班社会目标,认为他没有达到小班儿童社会的发展水平,就不恰当了。

分析儿童的行为,必须考虑当时特定的情境。今天不愿意和小朋友一起玩,原因有很多:刚刚和自己的好朋友闹翻了、被老师批评了、身体不舒服等。儿童不愿意和小朋友一起玩只是代表观察时的状态,是否真的是与人交往发展滞后,还需进一步的观察和验证。

类似的情况也发生在儿童心理发展理论的应用上。有的老师单纯地把理论和现实做简单的对比和类比。例如,有的老师看到儿童上课时坐不住就认为他有多动症,看到儿童不怎么与其他儿童交流就认为有自闭症……儿童被莫名其妙地贴上各种标签,影响了儿童身心的健康发展。这主要是因为教师对儿童的评价缺乏科学依据。这种现象一方面是由于教师的理论基础不扎实,没能掌握理论的实质,另一方面说明教师对幼儿的行为没有进行全面的观察和分析。以幼儿上课时坐不住为例,教师得出多动症的结论,显然经不起推敲。分析该幼儿的行为,教师需考虑儿童的气质类型、教学内容、教学形式、师幼互动,甚至还要考虑到幼儿当时有什么特殊需要等,即使排除这些因素后仍然要小心求证,并在专业医生诊断后才能下结论。

总之,教师要避免把年龄目标、儿童心理发展理论等当作尺子,以某一个理论为唯一依据衡量儿童的发展。在观察分析儿童的时候,我们应正确地对待理论的价值。那么理论究竟有哪些应用价值呢?

(二) 儿童心理学的应用价值

1. 理论无用论

在教师中间,有一种认为理论无用的倾向,应引起我们的关注,持这种观点的人认为,理论和实践相差很大,理论有时候不可相信。比如,根据美国学者帕顿的游戏理论,3—4 岁幼儿处于平行游戏阶段,但是她们却看到有一个 3—4 岁幼儿基本上进行的都是独自游戏,表现出低于同龄幼儿的社会发展水平。于是便认为帕顿的游戏发展理论是错的,理由是这个小男孩的游戏社会性发展水平没有按照一般的年龄特点发展,他比同龄的孩子低,所以说理论是错误的。

如何看待这类现象呢？首先,这种以单个案例的表现来否认理论的做法,本身在方法论上是错误的。把实践归纳成理论,需要将若干实践综合分析,抽取其中一般的、共同的部分,归纳成恰当的理论。其次,理论揭示的是儿童发展的一般规律,帕顿的游戏理论也不例外。儿童具有个体差异性,一般规律在儿童身上具体表现时也会出现个体差异。学习"学前儿童行为观察与分析"的技能,就是要观察理论在个体身上的具体表现。事实上,案例中男孩的妈妈嫌吵闹,不带幼儿到人多的地方,也不让幼儿串门,所以幼儿缺少与同伴交往的机会,常常一个人玩。

2. 理论的价值

"儿童发展理论著作可被视为理解儿童的实践指南,因为它描述了关于儿童像什么,以及如何对待他们的各种信息模式……儿童发展理论可以比作我们观察儿童及其成长的透镜。理论滤过了特定的事实,并对其摄入的事实赋予特定模式。"儿童发展心理学不同流派代表人物的思想,是儿童行为观察与分析的重要理论依据之一。将儿童发展心理学的理论与儿童个体的具体表现联系起来,有利于幼儿园教师了解幼儿行为背后的意义,从而调整教学行为和教学策略,更好地促进幼儿发展。

儿童发展心理学正在不断地发展,各种研究报告正在验证、挑战、推翻、重塑心理学理论,但这些都不影响我们对经典心理学理论的应用。各个流派对儿童行为的认识存在差异,如关于什么是发展,有的理论强调儿童心理发展的阶段性,有的理论则强调发展的连续性。例如,皮亚杰的认知发展阶段、弗洛伊德的性心理发展阶段、埃里克森的人格发展阶段、马斯洛的需要层次理论,都属于阶段论;斯金纳的操作性条件反射理论则属于渐变论。又如发展背后的原因,即遗传和环境如何作用于发展,有的理论强调遗传的作用,如格赛尔的成熟势力说;有的理论强调环境的作用,如华生的行为主义。但是当代心理学家对这类问题的讨论已不太多,现在研究的问题是:发展在多大程度上依赖遗传,在多大程度上依赖环境,他们又是如何相互作用引起发展性变化?

这些认识上的差异有的是互相补充、互相启发,有的甚至互相矛盾,但心理学家认识到,没有哪一种理论或观点能够解决所有问题;每一种理论或观点都会从一个方面或角度来解释儿童的发展,所以我们对儿童行为的分析解释也应该是多角度的。

我们不仅要知道哪些变化正在发生,而且要了解发生这些变化的背景和过程,以及这些变化对教师意味着什么。

理论对实践具有指导作用,在观察过程中,运用理论能够解决过程中的一些问题,对于观察来说具有一定的价值与意义,比如:

(1)儿童发展理论为观察方案的设计供了科学依据。在观察前的准备过程中,许多老师确定了自己的观察目的,但是却不知道如何设计自己的观察方案。比如,刚接手新的班级,教师想要了解班级中幼儿的数能力的发展,却不知道从何入手。我们就可以依据幼儿数概念发展的特点,并且依据理论中的发展特点,运用行为检核表法来设计一个数概念发展的行为检核表,对本班幼儿的数概念发展进行检核,如幼儿是否能按数取物,是否知道第一、中间、最后的意义等。这样就可以清楚地了解到班级幼儿的数概念发展水平,并且以此来确定教育目标。

(2) 儿童发展理论为观察结果提供了分析解释的依据。通过观察,我们能够捕捉幼儿的很多行为,每个行为都代表了一定的意义。而通过对理论的掌握,我们更加能够认识到幼儿行为的背后代表的意义,比如,行为是否为常规行为? 行为是否符合幼儿的年龄特征? 行为的背后是否受到其他因素的影响? 了解这些问题之后就可以对行为提出相应的指导策略。比如,观察者经过观察发现,某幼儿特别喜欢看带有暴力色彩的动画片并且有很多的攻击性行为,我们就可以利用班杜拉的观察学习理论来对此行为进行解释,并且能够提出相应的指导策略,建议老师和家长少为孩子播放此类动画片等。

二、理论介绍

(一) 精神分析理论

1. 弗洛伊德

精神分析理论是由精神科医生弗洛伊德在 19 世纪末提出,他将人格发展称为性心理发展。

弗洛伊德认为人格的结构分为"本我""自我""超我"三个部分。"本我"代表追求生物本能欲望的人格结构部分,是人格的基本结构。"本我"遵循的是"快乐原则",要求毫无掩盖与约束地寻找直接的肉体快感,以满足基本的生物需要。如果受阻抑或迟误,就会出现烦扰和焦虑。按着"现实原则"而起作用的人格结构部分称为"自我"。"自我"的一部分,通过与外界环境的接触和后天的学习获得特殊的发展。为此,"自我"便成为"本我"与外界关系的调节者。"自我"感知外界刺激,了解周围环境,储存从外界获得的经验,从而具备了调节功能,"自我"的这一功能,是一种适应环境、个体保存的本能,并对"本我"发挥指导和管理功能。"自我"可以决定是否应该满足"本我"的各种要求。弗洛伊德把代表良心或道德力量的人格结构部分称为"超我",它的活动遵循"道德原则"。从个体发育来看,"超我"在较大程度上依赖于父母的影响。"超我"一旦形成之后,"自我"就要同时协调"本我""超我"和现实等三方面的要求。也就是说,在考虑满足"本我"本能冲动和欲望的时候,不但要考虑外界环境是否允许,还要考虑"超我"是否认可。

弗洛伊德认为,"本我"中的本能欲望,在个体发展的不同阶段,总要通过身体的不同部位或不同区域得到满足并获取快感。而在不同部位获取快感的过程,就构成了人格发展的不同阶段。

表 6 - 1 弗洛伊德精神分析理论

年龄	阶段名称	发展阶段特征	未顺利度过的影响
0—1岁	口腔期	此时期的性感区为口腔,婴儿主要靠吮吸、吞咽等活动刺激得到本能性快感	可能产生酗酒、嗜烟、咬指甲、暴饮暴食、喜好痛斥、讽刺、与人争辩等状况
1—3岁	肛门期	性感区发展至大肠与肛门,幼儿通过大小便消除排便时的紧张,以获得满足,父母对幼儿卫生习惯的训练是此时期的关键	易造成吝啬、顽固等洁癖性格,情绪化、具攻击性等破坏性格
3—6岁	性器期	幼儿靠触摸自己的性器官得到满足。由于此时期幼儿已经能分辨男女性别,因此产生男女两种不同人格	可能会导致过于自大、傲慢、自恋等特质

小艾(8个半月)很喜欢玩自己的玩具,一会儿拿起拨浪鼓摇两下,一会儿来回推着小汽车在地上跑,一会儿又捏一捏小球,听到小球的响声就来回转着看,然后放到嘴里转着咬。根据弗洛伊德的理论,0—1岁的婴儿处于口腔器,他们用嘴巴探索物体性质,拿到什么东西都要先用嘴巴进行认知,所以才会出现案例中小艾把小球放到嘴里咬的行为。

2. 埃里克森

埃里克森的人格发展学说既承认性本能和生物因素的作用,又强调社会文化因素在心理发展中的作用。他认为人的心理危机是个人的需要与社会的要求不相适应乃至失调所致,故称为心理社会危机。埃里克森的理论阐释了贯穿人的整个生命周期的八个发展阶段。每个发展阶段都有一个心理危机,个体必须很好地解决这个危机,才能以最佳方式获得发展。

表 6 - 2 埃里克森心理社会发展理论

发展阶段	年龄	发展任务/危机	发展顺利者的心理特征	发展障碍者的心理特征
婴儿期	0—1.5岁	信任/不信任	对人信任,有安全感	面对新环境时会焦虑不安和无助
儿童早期	1.5—3岁	独立自主/羞怯怀疑	能按照社会的要求,做出有意义的行为	缺乏自信、处事畏首畏尾
学前期	3—6岁	主动探索/内疚	主动好奇,行动有方向,开始有责任感	畏惧退缩,缺乏自我价值

埃里克森的人格发展阶段理论可以帮助我们分析情景导入中的现象,儿童在1.5—3岁时,主要的发展任务是培养儿童的自主性。幼儿在做他们力所能及的事情的过程中,逐渐认识到自己的能力,养成自主的性格;3—6岁儿童的主要任务是培养主动性。儿童喜欢尝试探索环境,承担并学习掌握新的任务。小雨这边扳扳摸摸,那

边敲敲打打,洗衣机还是没能转动起来,他大声地哭喊着:"我自己来""我要",表现出小雨自主探索的需求,他在不断地尝试自己探索环境。

(二)行为主义理论

1. 斯金纳

行为主义学派认为个体的学习是"刺激"与"反应"的过程,主要是探讨人、环境、刺激相互之间的关系以解释人的学习行为。美国学者斯金纳是其中重要的代表人物,他吸收巴甫洛夫的经典条件反射理论,提出了著名的操作条件反射理论。斯金纳操作性条件反射强调塑造、强化、消退与及时强化等原则。

强化作用是塑造行为的基础,利用强化技术,控制行为反应,能够塑造出一个所期望的儿童行为。而强化分为正强化和负强化,强化要运用强化物来进行行为的塑造。所以,强化物又分为正强化物以及负强化物。强化物就是那些能够提高特定反应的可能性,或使特定反应的概率增加的任何事物或事件。正强化物是指个体做出某种行为或反应,随后或同时得到某种奖励,从而使行为或反应强度、概率或速度增加的过程。这里的某种奖励就是正强化物,如鼓励、食物等;相反,当有机体自发做出某种反应之后,随即排除或避免了某种讨厌刺激或不愉快情境,从而使此类反应在以后的类似情境中发生的概率增加,这种操作即为负强化。这里的某种刺激就是负强化物,如挨骂、威胁等。

强化在行为发展过程中起着重要的作用,行为不强化就会消退,即得不到强化的行为是易于消退的。并且,在强化过程中一定要及时强化,教育者要及时强化希望在儿童身上看到的行为。

月月是个3岁的小女孩,他有个问题让爸爸妈妈很头疼,每天吃饭的时候不会乖乖地坐在桌子边,而是跑东跑西,妈妈要追着喂饭才行,结果,他不仅吃得很少,妈妈也累得气喘吁吁。后来,妈妈采取了一个办法,即如果吃饭时很乖,就可以看动画片,睡觉前妈妈还讲故事。月月果然能好好吃饭了。

案例中的妈妈利用强化过程来矫正月月的不良习惯,利用动画片和好听的故事作为强化物,增加了好的行为出现的概率。

2. 班杜拉

在行为取向的理论中,另一位重要的学者是班杜拉。他提出交互作用论,认为个体自身的因素与行为和环境是交互作用的关系,而行为则受个体和环境两方面因素的影响。

班杜拉将学习分为直接学习和观察学习两种形式。直接学习是个体对刺激做出反应并受到强化而完成的学习。观察学习是指个体通过观察榜样对刺激的反应及其受到的强化而完成学习的过程。第一种学习方式非常费时费力,而人类的大部分行为是通过观察学习获得的。观察学习是一种非常有效、普遍的学习方式。在班杜拉看来,儿童总是用他们的眼睛和耳朵观察、模仿、学习他人有意识的和无意识的反应,他强调观察学习在行为发展中的重要作用。例如,观察者发现蒙蒙在娃娃家有撕拉玩偶的现象,通过对其日常行为的观察,发现他在看动画片中接触到了一些暴力行为,学到了不良行为。

班杜拉认为并非所有的学习都依赖于直接强化,班杜拉尤其强调替代强化和自我强化,替代强化是观察者因看到榜样受到强化而如同自己也受到强化一样,是一种间接的强化方式。自我强化是个体自身的行为达到自己设定的标准时,通过自我奖赏来增强、维持行为的过程。

(三) 格赛尔的成熟势力说

格赛尔总结出了儿童生理和心理发展的主要原则,我们常用的原则为:

1. 个体成熟的原则

格塞尔根据自己长期临床经验和大量的研究,认为个体的发展取决于成熟,而成熟则取决于基因所决定的时间表。在儿童尚未成熟之前,有一个准备的状态。这个准备状态实际上就是生理机制由不成熟向成熟过渡的阶段。处于准备阶段的儿童,相应的学习能力尚未具备,这时如果让他们学习某种技能,就难以达到真正的学习目的。不仅表现为学习难度大,还表现为学习成绩不稳定。危害严重的还会伤害学习动机和学习兴趣。所以,在儿童未准备好之前,成人应该等待儿童达到对未来学习产生接受能力的水平。

这里有两点需要着重说明:一是儿童在发展过程中的准备状态,是一个动态的概念,并不是僵化的或一次性的表现。当一种准备状态达到成熟水平后,另一种新的成熟水平又会处于新的准备状态之中。二是成熟是受基因控制的过程,外部环境不能改变它的程序。因此,是成熟决定着学习,而不是学习决定着成熟。这才是格塞尔这一原则的真正含义。

2. 自我调节的原则

儿童具有自我调节能力,并形成固定的生活模式;自我调节中存在不平衡和波动,表现为进进退退,并形成了"儿童行为周期变化表"。

儿童自我调节能力的发展不是直线形的,它是波浪起伏的,有自身发展的节奏,如发展的步伐有时较快,有时较慢;有时是前进,有时表现为倒退。儿童对发展的节奏具有自身的调节功能。格塞尔认为,如果成人没有太多干涉的话,婴儿会按自身的节律调节自己的吃奶和睡眠时间,形成适合自己的生活节律。

3. 行为模式和个体差异

每当儿童进入一个特定的成熟阶段,他的神经运动系统就会对一个特定的刺激产生特定的反应。我们把这类特定的反应称为"行为模式"。正因为儿童到了一定的年龄阶段就会产生一定的行为模式,因此,我们也可以把儿童表现出的一种行为模式当作成熟的指标,用来测定某一个儿童的发展是否与大多数儿童的水平相当。注意不要把行为模式的平均水平当作标准。

每个人的基因状况(如数量、排列方式等)是不同的,因此,每个人的发展速率也是有差异的。格塞尔认为,尽管这种差异没有本质的不同,只有数量上的差异,但足以形成儿童之间的个别差异。因此,格塞尔郑重告诫我们,不要把儿童的发展纳入一个固定的模式而忽视他们的特殊性,也不要轻易给儿童扣上"发展不好"的标签,伤害儿童的心理。譬如,同龄孩子大多已会说话,但有的孩子还"金口难开"。我们不能轻易地下结论,认为这个孩子发展不好。事实上,这类孩子往往正处于积累阶段,他们一旦开口,便语出惊人——他们会说很多,语言水平甚至超过比他们开口早的儿童。

格赛尔的成熟势力说告诉我们,在观察幼儿的过程中,尊重理解儿童个体的发展规律,可以帮助我们解释儿童行为发展中适度的退化现象。例如,观察者发现2岁半的豆豆在学习如厕过程中,之前已经能够主动报告大小便,但是最近又开始经常大小便在身上。根据格塞尔的理论,观察者得出结论,豆豆的这种行为表现是正常的,是一种适度退化现象。

(四)认知发展理论

1. 皮亚杰的发生认识论

这一学说的代表人物是瑞士的儿童心理学家皮亚杰。皮亚杰将儿童认知发展分为四个阶段:

(1)感知运动阶段(0~2岁)

婴儿依靠感觉体验与肌肉来建构对世界的理解。在这个阶段中,学前儿童的智力只限于感知运动,学前儿童主要通过感知运动图式与外界发生相互作用,智力的进步体现在从反射行为向信号功能过渡。这一阶段末期,学前儿童的认知开始向表象过渡。

(2)前运算阶段(2~7岁)

儿童开始用表象和词来描述外部世界,能用表象进行思维活动。这个阶段学前儿童还没有"守恒"的概念,"自我中心"现象比较突出,不能从多方面条件考虑问题。

(3)具体运算阶段(7~12岁)

该阶段学前儿童能在具体事物或具体形象的帮助下组织各种方法进行逻辑思维。

(4)形式运算阶段(12~15岁)

该阶段学前儿童不但能以具体的词语,而且能以抽象的词语进行思维,开始根据各种假设对命题进行逻辑运算。

张华非常喜欢的李老师生病了,他对张老师说:"张老师,我们能不能去看望李老师?"张老师说:"可以啊!想李老师了?"张华点点头并拿出装在口袋里的奥特曼说:"我要把这个奥特曼送给李老师。"张老师问:"为什么送这个玩具呀?"张华说:"这个奥特曼是我最喜欢的,我要送给李老师,李老师一定也很喜欢的。"根据皮亚杰的认知发展理论,处于前运算阶段的幼儿具有自我中心性,他们站在自己的角度思考问题,所以才出现了张华要把自己喜欢的奥特曼送给李老师,并且认为李老师会很喜欢。

2. 弗拉维尔的元认知理论

1976 年,弗拉维尔在《认知发展》一书中首次提出元认知概念。元认知就是个体对于自己认知活动的认知。元认知以认知过程与结果为对象,是调节认知过程的认知活动。弗拉维尔认为元认知由三个成分构成:元认知知识、元认知体验以及元认知监控。

元认知知识主要包括个体对自己或他人的认知活动的过程及结果等方面的知识;元认知体验指伴随认知活动而产生的认知体验和情感体验;元认知监控指认知主体在认知过程中,以自己的认知活动为对象,进行直觉的监督、控制和调节。

(五) 维果斯基的社会文化理论

维果斯基的认知发展理论是社会文化理论或情境理论。他认为,儿童的发展是他的文化的产物,思维、语言和推理过程都是通过儿童与他人,尤其是父母的社会交往而实现的。

另外,维果斯基认为儿童的自言自语现象是出于自我防卫和自我指导。认为语言是儿童解决问题等高级认知过程的基础,可以帮助儿童考虑自己的行为和行动的过程。例如,壮壮在用拼插积木搭建摩天轮时说:"这块大的应该放在这,这块三角形的应该放在最顶端。"根据维果斯基的理论,这些自言自语并非是废话,而是壮壮的思考和自我指导的一种表现。

不同取向的理论提供了不同角度的系统性观点,观察者借助这些理论多角度解释分析幼儿行为的意义,能更准确地了解幼儿的发展情况和各种需求,更好地促进幼儿的发展。

(六) 人本主义理论

1. 马斯洛

人本主义心理学兴起于二十世纪五六十年代的美国,由马斯洛创立,被称为除行为主义学派和精神分析学派以外,心理学上的"第大三势力"。它既反对行为主义把人等同于动物,只研究人的行为,不理解人的内在本性,又批评弗洛伊德只研究神经症和精神病人,不考察正常人心理,因而被称之为心理学的第三种运动。

按马斯洛的理论,个体成长发展的内在力量是动机。而动机是由多种不同性质的需要所组成,各种需要之间,有先后顺序与高低层次之分,每一层次的需要与满足,将决定个体人格发展的境界或程度。需要由低到高分别是:生理需要,即生存所必需的基本生理需要,如对食物、水、睡眠和性的需要;安全需要,包括一个安全和可预测的环境,它相对地可以免除生理和心理的焦虑;爱与归属的需要,包括被别人接纳、爱护、关注、鼓励、支持等,如结交朋友,追求爱情,参加团体等;尊重需要,包括尊重别人和自我尊重等;自我实现需要,包括实现自身潜能。

马斯洛把完善的人性教育作为人本教育的基本内容。在他看来,人具有一种与生俱来的潜能,发挥人的潜能,超越自我是人的最基本要求。环境具有促使潜能得以实现的作用。然而,并非所有的环境条件都有助于潜能的实现,只有在一种和睦的气氛下,在一种真诚、信任和理解的关系中,潜能才能像得到了充足阳光和水分的植物一样蓬勃而出。为了使儿童健康成长,应当充分信任他们和信赖成长的自然过程,即不过多干扰,不揠苗助长或强迫其完成预期设计,不以专制的方式,而是以道家的方式让他们自然成长和帮助他们成长。

2. 罗杰斯

罗杰斯被誉为"人本主义心理学之父",自我论是罗杰斯人格理论和心理治疗理论的基础与核心。罗杰斯认为,一个人在自己的成长过程中,在与环境的长期交互作用中,逐渐把自己的"自我"一分为二:"自我"和"自我概念"。所谓自我是指真实的自我,自我概念则是一个人对自己经验和体验的知觉、认识。当自我与自我概念一致和协调时,相应的个体心理就是健康的,就能达到自我实现;相反,适应程度低的自我与自我概念则趋向不一致和不协调,就会出现心理压抑、心理失调、焦虑等各种心理障碍甚至疾病。

罗杰斯坚决反对行为主义将学习看成是刺激与反应之间机械联结,认为学习应当是一个有意义的心理过程。在罗杰斯看来,人类具有学习的先天潜能。人生来就对世界充满好奇心,这将有助于促进人的学习和发展,只要条件合适,每个人所具有的学习、发现、丰富知识经验的潜能和愿望就能释放出来,除非这种天生的好奇心和求知欲受到挫折。当学习者感到学习内容与自己的目的有关时才会产生意义学习,只有那些有助于达到自己目标的知识,才会被认为是对自己有价值的事情,学习者因此才能够投入精力,加速完成。当学习者发现学习材料不符合自己的学习目标或威胁到自己的价值观时,就难以产生意义学习。

罗杰斯十分强调学习氛围对学生的影响,认为如果学生能够在一种相互理解和相互支持的环境里学习,就能够消除外部威胁,所以,教师不要过分给学生施加压力,应鼓励学生自发参与学习活动,并在学生参与学习活动时给予适当的建议,这要比正规教学活动有效得多。在罗杰斯看来,只有当对自我的威胁降低时,学生才会以不同的方式来接受经验,学习才能取得进展,嘲笑、羞辱、轻视等都会威胁到学生的自我,威胁到学生对自己的看法,从而严重干扰学习,而在一种对自我没有多少威胁的环境中学生就会抓住各种机会学习,以增强自我。大多数意义学习是从做中学的,让学生直接体验到面临的实际问题,通过设计各种场景,让学生扮演各种角色,以及从中得到切身的体会,这是促进学习的最有效的方式。学习者的情感和认知都参与进去,而且由学习者自我发动的学习才能取得持久、深刻的效果,只有全身心投入的学习才能对学生自身产生深刻的影响。

不同取向的理论提供了不同角度的系统性观点,观察者应借助这些理论多角度解释分析幼儿行为的意义,更准确地了解幼儿的发展情况和各种需求,更好地促进幼儿的发展。

案例分析

小图书不哭了

看图画书是孩子们喜爱的活动,教室的图书角里新的图书无不吸引孩子们,他们经常从书架上取阅自己爱看的图书。但是,由于小班的孩子们还没有养成良好的看书习惯,看完的图书不按照标记"送回家"、撕毁图书等现象时常发生。一天早餐后,赵老师看到书乱七八糟地扔了一地,刚要批评,转念一想,以前多次反复地要求过他们,并没有好的效果,可能批评也无济于事,于是,赵老师想了一个办法。

赵老师做了一个神秘的"嘘"的动作,对孩子们说:"听,是谁在哭?"

活动室里立刻安静下来,片刻,孩子们都说:"老师,没有人哭。"

赵老师继续低声地说:"不,有人哭。"

赵老师蹲在地上竖着耳朵听了听,说:"呀,是图书在哭。"

这时孩子们不说话了,赵老师又对地上的图书说:"你怎么哭啦?是谁欺负你了吗?"

赵老师捡起图书,用图书的口吻说:"是小朋友们把我扔在地上,没人管我,还把我的伙伴扔得乱七八糟,所以我难过地哭了。"

接着,赵老师转身对孩子们说:"孩子们,咱们以后可别再这样对这些书了,好吗?"

孩子们都大声地说:"好!"

"那怎么做图书就不会哭,会高兴呢?"赵老师引导着。

"不扔它。"

"不撕书。"

"把它们摆整齐。"

"要爱护图书。"

……

小朋友们争先恐后地回答

听了他们的话,赵老师说:"对呀,我们要是遵守规则,爱护图书,对它们好一点它们就不会哭了,现在我们一起给图书道个歉吧。"

小朋友们纷纷说:"对不起……"

接下来的几天里,赵老师仔细观察孩子们看书的情况,孩子们不再把书扔在地上,看完后也会把图书收拾得整整齐齐,再没有图书乱扔的情况发生了。

瑞士著名心理学家皮亚杰指出,前运算阶段幼儿的"泛灵心理"乃是把事物视为有生命和有意向的东西的一种倾向,在幼儿心目中,一切东西都是有生命、有思想、有感情的活物。这是幼儿在发展过程中出现的一种自然现象,是不可逾越的必经阶段。在教育中,利用幼儿"泛灵心理"会起到事半功倍的效果。案例中赵老师能够将图书"拟人化",符合幼儿的"泛灵心理",使幼儿把外物同化到自己的活动中去,通过拟人化的情境让幼儿获得直接的心理体验,潜移默化地指导幼儿遵守简单的规则,帮助幼儿建立了初步的规则意识。这种教育方法,比起向幼儿讲解深刻的道理,效果好得多。

技能训练

我是奥特曼

以下案例是中班张老师在一天内连续收集到的关于小明的观察记录。

场景一

时间:早饭过后

地点:娃娃家

小明:"老师,你看我的枪厉害吗?"

老师:"你们在玩什么游戏?"

小明:"我们在玩奥特曼打怪兽的游戏呢!"

老师:"你扮演的是谁?"

小明:"我当然是奥特曼了,奥特曼特别厉害,有特别多的能量。"

场景二

时间:午饭时间

地点:餐厅

小明:"老师,我午饭一定要多吃点,因为我没有能量了,没有能量就不能保护这个地球了。"

过了一会,小明又说道:"老师,我不吃了,我只要吃一点,就能恢复能量。我早晨起来都没有能量了,我觉得好多人在压着我呢,到处都是怪兽。"

场景三:

时间:午休

地点:卧室

在午休时间,小红在脱衣服的时候不小心碰了老师一下,被小明看到了,小明着急地说:"不许你伤害我的老师,否则把你赶出地球……"说完,小明转身对老师说:"老师你别害怕,我会保护你的。"

场景四

时间:下午

地点:活动室

小朋友们都在安静地听故事,小明突然起身,冲着阳台的玻璃就打,而且嘴里振振有词:"我要打死你们这些怪兽,我不许你们进来……"

问题:案例中小明的行为反映出幼儿心理发展的哪些特点?

知海拾贝

探索儿童世界的基本准则

指导准则	对观察的意义
1. 各个发展领域相互关联	每一个领域的发展都会影响其他领域的发展,同时也受其他领域发展的影响,观察幼儿时牢记这一点很重要,例如:这可以帮助你理解,张华矮小的身材如何影响他与身材高大的同伴之间的社会交往。
2. 正常的发展表现出广泛的个体差异	每个幼儿都与其他幼儿不同。如李小萌有自己的生长和发展速度,也有其独特的不同于李莎的生长和发展方式。这条个体差异原则适用于每一个幼儿。
3. 发展是积极主动和相互作用	幼儿不是环境刺激的被动接受者,而是积极主动地寻求经验;更为重要的是,发展具有相互作用性。幼儿的行为、个性特征、气质、身体特征和其他诸多因素都会影响他人如何对待幼儿或对幼儿做出反应;反过来,他人的反应和特征也会影响幼儿的行为。
4. 发展必须在一定的环境中进行	这一条是指环境影响发展。维果斯基关于发展的社会文化观点可以说明这一点。对幼儿教育而言,来自幼儿家庭、同伴群体、社会和文化等方面的环境影响尤为重要。
5. 尽管幼儿经验对幼儿发展有重要影响,但幼儿的发展具有可修复性	这条准则区分了短暂而不经常出现的经验和持续而重复出现的经验,并对这种经验的不同影响作用进行了区分。可修复性是指,如果儿童遭遇的负面损伤经验持续时间不长,那么他们可以从这些不利经验中得以恢复。
6. 发展是不断累积的	儿童的发展不是孤立或独立于之前已经发生的各种变化。其核心观点是:既不要忽视儿童先前发展对其现有发展水平的影响,也不要忽视现有发展水平对幼儿将来发展的影响。
7. 发展表现如下特征: a. 复杂性 b. 分化 c. 层级整合	a. 这是指发展指向于更加复杂和熟练的行为和能力。例如,4 岁儿童的身体动作、语言、思维和情绪等都比 2 岁儿童更加成熟、复杂和多样。 　　b. 分化是指最初弥散而笼统的行为逐渐分离为相互独立的比较熟练和精确的行为。有关这一特征的最明显例证是将婴儿的动作同 3 岁幼儿进行对比。一个 3 个月大的婴儿躺在婴儿床上,想要够一个悬挂在他头上的物体,他往往会把整个身体都探出去,而 3 岁儿童在接近和抓握物体时,只用胳膊和手。 　　c. 层级整合使幼儿可以把多种技能、行为和动作结合起来,作为一个协调统一的整体来发挥作用。例如,手指动作不仅可以同大的手臂动作区分开来,而且不同类型的动作可以服务于不同的目的。手指和手臂可以相互独立地工作,也可以作为一个整体来发挥作用。

视频观察

儿童行为视频

观察要求：请从心理学视角对视频中的老师和儿童行为进行分析。

要点提示：视频中，老师采纳了行为主义运用强化作用对幼儿行为进行塑造。一方面，老师对孩子符合自己期待的行为给予贴纸进行奖励；另一方面，当孩子行为不符合老师期待时则要求孩子摘除贴纸进行惩罚，从而试图塑造孩子的行为。

行为主义只看到了人的行为，但人还有认知、情感、意志等心理结构，人本主义提醒我们应当看到孩子的情感和需要，视频中，壮壮因为一直没有得到贴纸而哭泣，说明孩子即使年龄小，也有尊重的需要，希望得到别人的肯定和认可，教师不能无视孩子的情感需求。具有人文关怀的教师不只是判断孩子的行为是否符合成人要求，简单利用行为主义的奖惩去纠正行为，而应当透过行为，了解孩子真实想法，看到孩子内在需求与情感体验，然后再给予孩子关怀与帮助。因为教师不是孩子行为的"驯兽师"，而是他们幼小心灵的"守护神"。

第七章 儿童行为分析与指导

本章概要

如何分析与解读幼儿的行为呢？不同角色、不同身份的主体分析、解读的视角不同，依据的理论和指标也会不同。对于幼儿园一线教师或者正在接受职前教育的学前教育专业的学生而言，分析解读幼儿的最终目的不是去建构或验证儿童发展理论，而是提升自己教育的专业性和有效性。所以，《指南》理所当然成为幼儿行为分析与解读的重要依据。教育部基础教育二司巡视员李天顺在《3—6岁儿童学习与发展指南》培训班上的讲话明确指出："以《指南》的贯彻落实为契机，加强幼儿园教师队伍建设，促进幼儿教师素质的全面提高和专业发展，是当前和今后一段时间推进学前教育科学发展的一项重要任务。"一要抓职前培养，把《指南》系统融入幼儿教师教育的课程教材体系，并根据《指南》的理念、原则和要求对教育教学进行改革。二要抓入口关，把《指南》全面纳入幼儿园教师招考的考试考核内容，将对《指南》的理解和实际应用能力作为录用幼儿园教师的重要指标。三要抓幼儿园实践，把贯彻落实《指南》的任务细化为幼儿园工作的具体要求，使幼儿教师把《指南》学深学透、入脑入心，转化为科学保教的高素质，表现为高水平组织幼儿一日生活的实际能力。让《指南》成为幼儿园教师的"圣经"已逐渐被大家接受和认同。本章则以《指南》为依据对幼儿的行为进行分析与解读，并提出相应的教育建议和思考。

第一节 儿童学习品质的分析与指导

情境导入

玛拉·克瑞克维斯基指出：在成人世界中，一个人的成功不仅仅与其专业能力有关，还受一定的工作风格的影响，如专注、慎思、坚持力等。即使在学前阶段，儿童在完成一个任务时也表现出显著的差异。有些儿童在活动中表现出认真、专注、坚持，而有些儿童则在活动中表现出注意力易分散，遇到挑战时容易受挫。

一、学习品质是什么？

《指南》首次提出要重视幼儿的学习品质。忽视幼儿学习品质培养，单纯追求知识技能学习的做法是短视且有害的。学习品质是幼儿在活动过程中表现出的积极态度和良好行为倾向,是终身学习与发展所必需的宝贵品质。

二、学习品质有哪些?

《指南》中提出,要充分尊重和保护幼儿的好奇心和学习兴趣,帮助幼儿逐步养成积极主动、认真专注、不怕困难、敢于探究和尝试、乐于想象和创造等良好学习品质。

三、学习品质如何培养?

希森博士在《热情投入的主动学习者》一书中则更为详细地介绍了五种基于实证研究的培养儿童学习品质的方法①。

(一)教师与所有儿童建立亲密关系

一方面,教师应了解每位儿童及其家庭的信息,并给予儿童温暖和关怀,积极地参与儿童的活动,与所有儿童建立亲密的情感联系;另一方面,在与儿童个体建立亲密关系的同时,还应在日常生活、集体活动或班级聚会中积极建立有着共同目标和价值观的关爱共同体,儿童在关爱共同体中会感受到归属感和认同感,从而促进儿童的学习兴趣和坚持性等学习品质的发展。

(二)教师应筛选和使用高质量的早期教育课程模式

有益于儿童积极学习品质发展的课程包括以下四个特点:富有挑战性;学习内容有价值;与儿童兴趣和经验相联系;强调儿童的积极参与和社会交往。教师应善于对课程模式进行筛选和使用,虽然目前专门的学习品质课程模式还没有研发出来,但是我们相信有利于儿童学习品质发展的早期教育课程模式不久就会出现。

(三)教师应使用有效率的教学方法

一方面,教师应为儿童创设高质量的环境,包括设置具有引导性且促进儿童专心活动的空间环境,建立有秩序的活动规则和常规,开展儿童主动参与的小组活动;另一方面,教师应采用高质量的教学方法,包括教师表现出自己的积极学习品质以发挥榜样示范作用,帮助儿童明确学习目标,提供有效的教学支架并适时地撤出支架,给予儿童有价值和有挑战性的活动机会。

(四)教师应运用科学的学习品质评估系统

使用综合性的学习品质评估系统,如儿童观察记录表、发展连续评价表和作品取样系统。这三种评估系统具有以下共同特征:基于真实情景中的儿童行为表现;鼓励教师通过观察和记录收集多元数据以实现对儿童的评价;在一年内多次评估儿童在多个领域的发展状况;评价结果促进教师更好地理解和教育儿童。

---

① 马里奥·希森.热情投入的主动学习者——学前儿童的学习品质及其培养[M].霍力岩,房阳洋,孙蔷蔷,译.北京:教育科学出版社,2016:14-15.

（五）教师应积极调动家庭和社会力量参与

首先,家园之间应建立和保持互相尊重、关怀和赞赏的良好关系。其次,应与家长积极地交流学习品质的重要意义,并积极地了解儿童在家里的表现。最后,应与家长分享一些可促进儿童学习品质提升的实用性策略。具体来说,第一,教师应饱含好奇心和探索欲望,感染和激发幼儿主动投入学习活动中;第二,为幼儿创造探索的机会,如为幼儿提供有趣的材料,与幼儿分享新奇的事物等,增加幼儿在生活、游戏中求知、探索的欲望;第三,为幼儿创设安全的心理环境,鼓励幼儿大胆探索;第四,鼓励并支持幼儿积极解决问题。教师应相信幼儿解决问题的能力,鼓励儿童尝试各种各样的方法来坚持完成任务。

案例分析

学习故事:玩沙①

观察时间:2015 年 11 月 11 日至 2015 年 12 月 7 日

观察地点:活动室

观察对象:文文(小班)

记录人:杨莉

记录:

玩沙时,我用模具做了一只螃蟹,你在旁边看着,当我把模具倒扣在地上,出现了一只螃蟹时,你高兴地边跳边说:"我也要做,我也要做……"我把螃蟹模具给你,你蹲下来,用手里的铲子把沙子一铲一铲放到模具里,再用铲子把沙子压实(见图 7-1)。沙子越填越多,模具也越来越重,你把模具放在地上,小心翼翼地把角落也填满了(见

图 7-1

① 此案例来源于建湖县幼儿园。

图7-2),你又端起模具,把洒到池子外面的沙子拨到沙池里(见图7-3)。接着继续把模具里的沙子拍实,最后把模具倒扣再轻轻抬起模具。可是沙子拍得不够紧,螃蟹有点散架了(见图7-4)。

图7-2

图7-3

图7-4

这是我第二次（2015 年 12 月 7 日，星期一）看见你在沙池做螃蟹，你像第一次那样把沙子铲进模具，压实拍紧，再倒扣在地上，一个螃蟹出现了。你看了看说："好像还是有点松。"（见图 7－5）

图 7－5

你又找来一个乌龟模具再次尝试，这一次，你不仅用铲子拍紧沙子，还用手把模具的边边角角捏紧（见图 7－6、图 7－7）。

图 7－6

图 7－7

当你把模具倒扣时,你沮丧地说:"乌龟的一只脚没有倒出来。"(见图7-8)我问你:"为什么呢?"你说:"我刚才捏得太紧了,我再试试吧!"你又开始重新尝试。

图 7-8

在上面这篇学习故事中,小女孩在玩沙的过程中体现出哪些良好的学习品质呢?

1. 积极主动。看到老师用模具做了一只螃蟹,小女孩高兴地边跳边说:"我也要做,我也要做……"

2. 认真专注。老师把螃蟹模具给她,她蹲下来,用手里的铲子把沙子一铲一铲放到模具里,再用铲子把沙子压实。小心翼翼地把角落也填满了,然后又端起模具,把洒到池子外面的沙子拨到沙池里。接着继续把模具里的沙子拍实,最后把模具倒扣再轻轻抬起模具。

3. 不怕困难、敢于探究、善于反思、乐观坚持。第一次螃蟹散架了,她又进行第二次尝试,觉得沙子还是不够紧,她又进行了第三次尝试,可是乌龟有一只脚没做好,她没有气馁,而是找出原因说:"我刚才捏得太紧了,我再试试吧!"

小女孩表现出来的积极学习品质是和老师接纳的态度分不开的,老师注意为孩子营造宽松、融洽的氛围,鼓励孩子的大胆尝试,耐心等待孩子的自我发现,而不是迫不及待地将所谓正确的方法交给孩子。

技 能 训 练

学习故事:走台阶①

观察时间:2016年3月14日

观察地点:花池边

观察对象:小博(小班)

记录人:刘微微

---

① 此案例来自建湖县幼儿园。

记录：

中午餐后散步,大家被路边的台阶所吸引,于是大家陆续爬上去(见图7-9)。有几个胆大的宝宝很快就熟练地走了起来,也有一些宝贝站上去又掉下来。

这时,我注意到你站在一边,我急忙招呼你过来。你把头摇得像拨浪鼓,就是不肯过来(见图7-10)。我鼓励你,你却始终不敢站上去,我便没有再勉强。

图7-9

图7-10

其他孩子继续开心地走着,有的还把手伸直,像在开飞机一样。你在一边看着,从你的眼神里我似乎看到了羡慕,于是我又拉起你的小手,站在了台阶上(见图7-11),你紧紧地拉着我的小手,慢慢地你发现没什么可怕的,你松开了我的手(见图7-12)。

图7-11

图7-12

走了两步,你的脚滑到花池里(见图 7-13),但很快你又站在了上面,你努力地保持着平衡(见图 7-14)。

几个回合之后,你掌握了技巧,放松了身体,和其他的伙伴们一起完整地走了一个来回,你开心地笑了。

图 7-13

图 7-14

训练要求:请从学习品质的角度分析上面这篇学习故事,并写出自己的教育思考。

知海拾贝

重视幼儿的学习品质
华东师范大学 李季湄

不能不看到,忽视或轻视学习品质的培养,认为"只有学业知识才是有价值的知识""学业学习是唯一有价值的学习"等观点,在今天我国的幼儿教育中仍有很大的市场,成人往往更关注幼儿认了多少字,会算多少道题,而对学习品质,由于其看不见,摸不着,无论在家庭里还是在幼儿园都尚未引起足够的重视。究竟什么东西对幼儿的终身学习与发展是最有价值的,幼儿教育怎么体现素质教育精神,这是关系幼儿教育价值观、质量观的重大问题。教育研究的结果表明,仅仅追求知识目标,仅仅重视立竿见影的、可测量的、可应试的外源性知识学习,忽视幼儿内在的学习品质培养,是不利于幼儿长远的可持续发展的。"幼儿教育应重视哪一方面的教育呢? 理所当然的回答是:重视那些对幼儿成长为人所具有的不可估量的影响力的东西,这是已经得到确认的重要结论。"良好的学习品质就像是充盈在生活中的氧气,尽管看不见摸不着,却须史不可缺少。只有呼吸到新鲜的氧气,个体的身心才会健康,只有培养幼儿良好的学习品质,才能保证幼儿学习与发展的质量。因此,坚持不懈地培养幼儿爱学、会学、主动、坚持、专注以及负责任的态度、活跃的思维、想象和创造等品质,培养幼儿对生活的热爱、对自己的信心、对他人的信赖、对自然与社会的亲近,为其今后形成健全的人格和终身学习的能力打下良好的基础,应当成为幼儿教育最重要的使命,成为实施《指南》时牢记在心的追求。

需要注意的是,学习品质不是孤立存在的,并不存在一种脱离具体学习领域或学习内容的抽象的学习品质,它是在健康、语言、社会、科学、艺术等各领域的具体学习活动中表现出来的,是在幼儿的生活中、游戏活动中显露出来的。因此,学习品质也一定要在幼儿实际的生活、游戏中,在幼儿的所有学习活动中进行长期的培养。如《指南》"教育建议"所倡导的那样:"开展丰富多样、适合幼儿年龄特点的各种身体活动,如走、跑、跳、攀、爬等,鼓励幼儿坚持下来,不怕累"(健康:动作发展);"当幼儿遇到感兴趣的事物或问题时,和他一起查阅图书资料,让他感受图书的作用,体会通过阅读获取信息的乐趣"(语言:阅读与书写准备);"在保证安全的情况下,支持幼儿按自己的想法做事;或提供必要的条件,帮助他实现自己的想法"(社会:人际交往);"支持和鼓励幼儿大胆联想、猜测问题的答案,并设法验证"(科学:科学探究)……也就是说,在帮助幼儿进行体育锻炼,发展大肌肉动作时,就同时在培养幼儿的"坚持性""不怕困难";在与幼儿一起阅读时,就同时在发展幼儿的"阅读兴趣""注意力""收集资料的方法与能力";在支持幼儿按他自己的想法做事,大胆假设和验证自己的想法时,同时就在发展着幼儿"主体性""主动性""想象力""探究兴趣""思维能力"等。如果脱离幼儿具体的、鲜活的学习活动,进行孤立的所谓专项训练,如"注意力训练""坚持性训练""创造性训练"等,是没有什么意义的,是违背学习品质形成的规律的。

第二节　健康领域的行为分析与指导

情境导入

2012 年 6 月,国家卫生部发布的《中国 0—6 岁儿童营养发展报告》显示,中国儿童的超重和肥胖问题已经日益突出。中国儿童肥胖正在发展成为严重的公共卫生问题,需要及时有效的措施,否则,不仅会影响青少年儿童的正常成长,对健康造成严重影响,而且也会给家庭和社会带来沉重的经济负担。

一、身心状况

（一）具有健康的体态

1. 合理期待

3～4 岁	4～5 岁	5～6 岁
1. 身高和体重适宜。 参考标准： 男孩： 身高:94.9—111.7 厘米， 体重:12.7—21.2 公斤； 女孩： 身高:94.1—111.3 厘米， 体重:12.3—21.5 公斤； 2. 在提醒下能自然坐直、站直。	1. 身高和体重适宜。 参考标准： 男孩： 身高:100.7—119.2 厘米， 体重:14.1—24.2 公斤； 女孩： 身高:99.9—118.9 厘米， 体重 13.7—24.9 公斤； 2. 在提醒下能保持正确的站、坐和行走姿势。	1. 身高和体重适宜。 参考标准： 男孩： 身高:106.1—125.8 厘米， 体重:15.9—27.1 公斤； 女孩： 身高:104.9—125.4 厘米， 体重:15.3—27.8 公斤； 2. 经常保持正确的站、坐和行走姿势。

2. 教育建议

（1）为幼儿提供营养丰富、健康的饮食。

（2）保证幼儿每天睡 11—12 小时，其中午睡一般应达到 2 小时左右。午睡时间可根据幼儿的年龄、季节的变化和个体差异适当减少。

（3）注意幼儿的体态，帮助他们形成正确的姿势。

（4）每年为幼儿进行健康检查。

（二）情绪安定愉快

1. 合理期待

3～4 岁	4～5 岁	5～6 岁
1. 情绪比较稳定,很少因一点小事哭闹不止。 2. 有比较强烈的情绪反应时，能在成人的安抚下逐渐平静下来。	1. 经常保持愉快的情绪,不高兴时能较快缓解。 2. 有比较强烈情绪反应时，能在成人提醒下逐渐平静下来。 3. 愿意把自己的情绪告诉亲近的人,一起分享快乐或求得安慰。	1. 经常保持愉快的情绪。知道引起自己某种情绪的原因,并努力缓解。 2. 表达情绪的方式比较适度,不乱发脾气。 3. 能随着活动的需要转换情绪和注意。

2. 教育建议

（1）营造温暖、轻松的心理环境,让幼儿形成安全感和信赖感。

（2）帮助幼儿学会恰当表达和调控情绪。

（三）具有一定的适应能力

1. 合理期待

3～4 岁	4～5 岁	5～6 岁
1. 能在较热或较冷的户外环境中活动。 2. 换新环境时情绪能较快稳定，睡眠、饮食基本正常。 3. 在帮助下能较快适应集体生活。	1. 能在较热或较冷的户外环境中连续活动半小时左右。 2. 换新环境时较少出现身体不适。 3. 能较快适应人际环境中发生的变化。 4. 如换了新老师能较快适应。	1. 能在较热或较冷的户外环境中连续活动半小时以上。 2. 天气变化时较少感冒，能适应车、船等交通工具造成的轻微颠簸。 3. 能较快融入新的人际关系环境。如换了新的幼儿园或班级能较快适应。

2. 教育建议

（1）保证幼儿的户外活动时间，提高幼儿适应季节变化的能力。

（2）经常与幼儿玩拉手转圈、秋千、转椅等游戏活动，让幼儿适应轻微的摆动、颠簸、旋转，促进其平衡机能的发展。

（3）锻炼幼儿适应生活环境变化的能力。

案例分析

在电影《小人国》中有一个片段，王子(4 岁)想和尹尹一起玩王子和公主的游戏，王子想了很多方法，他主动邀请、引发有趣的话题、协商、等待，但都没有成功。他无法让尹尹来和他一起游戏，他甚至不能进入公主们的团体中，因此王子非常沮丧、痛苦，他有时吃手，有时呼唤，有时黯然神伤地呆望，直至后面发展成一直在滑梯上来回踱步，竟然持续了半个小时。①

大李老师用童话的方式——童话中王子可以选其中一个公主进王宫、婉转地、不留痕迹地满足了王子与公主游戏的愿望，暂时让尹尹公主放下了傲慢的架子，并且让游戏进行下去。

在"王子事件"中，让我们看到了一个不会表达自己情绪，不会发泄和调节自己不良情绪的"王子"，王子在屡次受挫后，伤心、失望的消极情绪逐步累积，但又得不到及时有效的宣泄和疏导，只能默默独自忍受：咬手指、来回踱步、失落地呆望等。这种消极情绪的压抑对孩子的身心健康是极为不利的。大李老师及时捕捉了孩子的情绪问题：王子的消极情绪需要疏导，尹尹的傲慢情绪需要纠正；并适时适当地给予了介入，是比较成功的。

---

① 王烨芳著.学前儿童行为观察与分析[M].南京:江苏教育出版社,2012:159.

《小人国》中的大李老师,在情绪的问题处理上,很具代表性。大李老师在情绪的控制和管理上堪称教师学习的典范,她对每个事件中的情绪问题,都用了不同的方式来解决。

二、动作发展

(一) 具有一定的平衡能力,动作协调、灵敏

1. 合理期待

3~4 岁	4~5 岁	5~6 岁
1. 能沿地面直线或在较窄的低矮物体上走一段距离。 2. 能双脚灵活交替上下楼梯。 3. 能身体平稳地双脚连续向前跳。 4. 分散跑时能躲避他人的碰撞。 5. 能双手向上抛球。	1. 能在较窄的低矮物体上平稳地走一段距离。 2. 能以匍匐、膝盖悬空等多种方式钻爬。 3. 能助跑跨跳过一定距离,或助跑跨跳过一定高度的物体。 4. 能与他人玩追逐、躲闪跑的游戏。 5. 能连续自抛自接球。	1. 能在斜坡、荡桥和有一定间隔的物体上较平稳地行走。 2. 能以手脚并用的方式安全地爬攀登架、网等。 3. 能连续跳绳。 4. 能躲避他人滚过来的球或扔过来的沙包。 5. 能连续拍球。

2. 教育建议

(1) 利用多种活动发展身体平衡和协调能力。

(2) 发展幼儿动作的协调性和灵活性。

(3) 对于拍球、跳绳等技能性活动,不要过于要求数量,更不能机械训练。

(4) 结合活动内容对幼儿进行安全教育,注重在活动中培养幼儿的自我保护能力。

(二) 具有一定的力量和耐力

1. 合理期待

3~4 岁	4~5 岁	5~6 岁
1. 能双手抓杠悬空吊起 10 秒左右。 2. 能单手将沙包向前投掷 2 米左右。 3. 能单脚连续向前跳 2 米左右。 4. 能快跑 15 米左右。 5. 能行走 1 公里左右(途中可适当停歇)。	1. 能双手抓杠悬空吊起 15 秒左右。 2. 能单手将沙包向前投掷 4 米左右。 3. 能单脚连续向前跳 5 米左右。 4. 能快跑 20 米左右。 5. 能行走 1.5 公里左右(途中可适当停歇)。	1. 能双手抓杠悬空吊起 20 秒左右。 2. 能单手将沙包向前投掷 5 米左右。 3. 能单脚连续向前跳 8 米左右。 4. 能快跑 25 米左右。 5. 能行走 1.5 公里以上(途中可适当停歇)。

2. 教育建议

(1) 开展丰富多样、适合幼儿年龄特点的各种身体活动,如走、跑、跳、攀、爬等,

鼓励幼儿坚持下来,不怕累。

(2) 日常生活中鼓励幼儿多走路、少坐车;自己上下楼、自己背包。

(三) 手的动作灵活协调

1. 合理期待

3~4 岁	4~5 岁	5~6 岁
1. 能用笔涂涂画画。 2. 能熟练地用勺子吃饭。 3. 能用剪刀沿直线剪,边线基本吻合。	1. 能沿边线较直地画出简单图形,或能边线基本对齐地折纸。 2. 会用筷子吃饭。 3. 能沿轮廓线剪出由直线构成的简单图形,边线吻合。	1. 能根据需要画出图形,线条基本平滑。 2. 能熟练使用筷子。 3. 能沿轮廓线剪出由曲线构成的简单图形,边线吻合且平滑。 4. 能使用简单的劳动工具或用具。

2. 教育建议

(1) 创造条件和机会,促进幼儿手的动作灵活协调。

(2) 引导幼儿注意活动安全。

案例分析

学习故事:百变跷跷板 [1]

观察时间:2016 年 4 月 5 日

观察地点:幼儿园操场

观察对象:糖糖、涵涵(大班)

记录人:周玲

记录:

今天户外活动,小朋友们自主选择了一些小中型玩具。糖糖选择了一块中型的跷跷板,她对涵涵说:"你和我一起玩,好吗?"涵涵欣然答应。于是两人一起站在跷跷板的两边。

涵涵觉得一个跷跷板太少,她对糖糖说:"我再拿一个过来。"于是,涵涵也找来一块跷跷板。只见她们两只脚岔开,两只脚分别站在两个跷跷板上,两个女孩玩得不亦乐乎(见图 7-15、图 7-16)。

---

[1] 此案例来源于建湖县幼儿园。

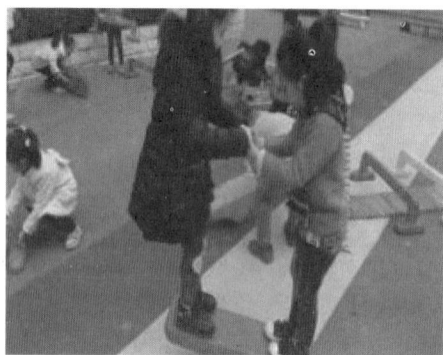

图 7－15

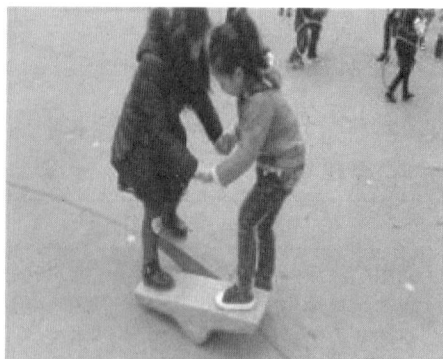

图 7－16

"我还有其他玩法呢!"涵涵喊道。在糖糖的帮助下,涵涵站稳在一个跷跷板上,糖糖也试着站在另一个跷跷板上。可惜跷跷板不是很稳,糖糖一直没能完全站到跷跷板上。"咦?跷跷板还能这样放呢!"糖糖想到了一个好办法,她把两个跷跷板都竖过来放在地上,这下可稳多了,她们两个互相搀扶着站在了跷跷板上(见图 7－17、图 7－18)。

图 7－17

图 7－18

跷跷板不小心被她们踩翻了过来。"它现在变成了滑板车。"话还没说完,涵涵就踏着她的滑板车飞跑,糖糖也学她的样子一起玩。两人玩累了,涵涵一屁股反坐在跷跷板上说:"让我们休息会儿。"(见图 7－19、图 7－20)

图 7－19

图 7－20

　　两人继续摆弄着跷跷板,跷跷板在她们手中又成了一个长板凳。她们一起坐上去,果然比刚刚坐得舒服多了。休息完毕,糖糖推着坐在跷跷板上的涵涵向前走,"嘿呦嘿呦",跷跷板被她们推了好远好远(见图7-21、图7-22)。

图7-21　　　　　　　　　　　　　　　　　　　　图7-22

　　"真想躺着睡会儿。"涵涵盯着跷跷板看,似乎又有了新想法,她眼睛骨碌一转说:"我们睡在上面,把它当成床,这样就可以睡觉了。"于是两人一起躺在了跷跷板上呼呼大睡(见图7-23)。

图7-23

　　从这篇学习故事中可以看出,两个小女孩已经具有一定的平衡能力,动作协调、灵敏。两人一起站在跷跷板的两边的玩法;她们两只脚岔开,两只脚分别站在两个跷跷板上;她们两个互相搀扶着站在了跷跷板上;把跷跷板当成床,睡在上面⋯⋯这些花样玩法,既体现了两个女孩平衡能力、动作的协调性和灵敏性,同时这些能力在这些花样玩法中进一步得以发展和巩固。

　　两个小女孩具有一定的力量和耐力:把跷跷板当成滑板车飞跑;一个反坐在跷跷板上,一个往前推着走⋯⋯这些玩法,无疑又可以发展孩子的力量和耐力。

　　显然,两个小女孩的优秀表现是和老师提供了丰富多样的活动材料以及自由自主、愉悦创新的心理氛围分不开的。

三、生活习惯与生活能力

(一) 具有良好的生活与卫生习惯

1. 合理期待

3～4 岁	4～5 岁	5～6 岁
1. 在提醒下,按时睡觉和起床,并能坚持午睡。 2. 喜欢参加体育活动。 3. 在引导下,不偏食、挑食。喜欢吃瓜果、蔬菜等新鲜食品。 4. 愿意饮用白开水,不贪喝饮料。 5. 不用脏手揉眼睛,连续看电视等不超过 15 分钟。 6. 在提醒下,每天早晚刷牙、饭前便后洗手。	1. 每天按时睡觉和起床,并能坚持午睡。 2. 喜欢参加体育活动。 3. 不偏食、挑食,不暴饮暴食。喜欢吃瓜果、蔬菜等新鲜食品。 4. 常喝白开水,不贪喝饮料。 5. 知道保护眼睛,不在光线过强或过暗的地方看书,连续看电视等不超过 20 分钟。 6. 每天早晚刷牙,饭前便后洗手,方法基本正确。	1. 养成每天按时睡觉和起床的习惯。 2. 能主动参加体育活动。 3. 吃东西时细嚼慢咽。 4. 主动饮用白开水,不贪喝饮料。 5. 主动保护眼睛。不在光线过强或过暗的地方看书,连续看电视等不超过 30 分钟。 6. 每天早晚主动刷牙,饭前便后主动洗手,方法正确。

2. 教育建议

(1) 让幼儿保持有规律的生活,养成良好的作息习惯。

(2) 帮助幼儿养成良好的饮食习惯。

(3) 帮助幼儿养成良好的个人卫生习惯。

(4) 激发幼儿参加体育活动的兴趣,养成锻炼的习惯。

(二) 具有基本的生活自理能力

1. 合理期待

3～4 岁	4～5 岁	5～6 岁
1. 在帮助下能穿脱衣服或鞋袜。 2. 能将玩具和图书放回原处。	1. 能自己穿脱衣服、鞋袜、扣纽扣。 2. 能整理自己的物品。	1. 能知道根据冷热增减衣服。 2. 会自己系鞋带。 3. 能按类别整理好自己的物品。

2. 教育建议

(1) 鼓励幼儿做力所能及的事情,对幼儿的尝试与努力给予肯定,不因做不好或做得慢而包办代替。

(2) 指导幼儿学习和掌握生活自理的基本方法,如穿脱衣服和鞋袜、洗手洗脸、擦鼻涕、擦屁股的正确方法。

(3) 提供有利于幼儿生活自理的条件。

（三）具备基本的安全知识和自我保护能力

1. 合理期待

3～4 岁	4～5 岁	5～6 岁
1. 不吃陌生人给的东西，不跟陌生人走。 2. 在提醒下能注意安全，不做危险的事。 3. 在公共场所走失时，能向警察或有关人员说出自己和家长的名字、电话号码等简单信息。	1. 知道在公共场合不远离成人的视线单独活动。 2. 认识常见的安全标志，能遵守安全规则。 3. 运动时能主动躲避危险。 4. 知道简单的求助方式。	1. 未经大人允许不给陌生人开门。 2. 能自觉遵守基本的安全规则和交通规则。 3. 运动时能注意安全，不给他人造成危险。 4. 知道一些基本的防灾知识。

2. 教育建议

（1）创设安全的生活环境，提供必要的保护措施。

（2）结合生活实际对幼儿进行安全教育。

（3）教给幼儿简单的自救和求救的方法。

案例分析

学习故事：能干的你①

时间：2016 年 5 月 18 日

班级：小二班

观察人：吴小华

被观察人：凡凡（小班）

记录：

午睡时间到了，你搬着椅子坐在垫子边上开始脱衣服。你先把鞋子脱掉，整齐地摆放在椅子下面；接着你站在垫子上面脱掉了外套，又坐下来，将衣服放平，开始折叠衣服（见图 7 - 24）；最后开始脱裤子。你将裤子脱一半，就坐在垫子上，双脚交替蹬，但是没有成功，你的裤子脱不下来。只见你就坐在垫子上喊着："谁来帮帮我？"这时小迪和小晨跑过来说："我来，我来。"小迪抢先坐下来帮你拉裤子（见图 7 - 25）。小迪拽着裤脚硬拽没有拽下来，你对小迪说："要把裤脚拉过脚呢。"你指挥着小迪帮你拽裤子，终于成功地脱下了裤子。你又蹲在垫子上，把裤子整理好，有褶皱的地方拉平（见图 7 - 26），将裤子对折再对折。折叠好裤子，你将裤子放到椅子上（见图 7 - 27），安静地坐在椅子上等着上楼睡觉。

---

① 此案例来源于建湖县幼儿园。

图 7 - 24

图 7 - 25

图 7 - 26

图 7 - 27

从这篇学习故事中可以看出,小男孩具有良好的生活与卫生习惯:午睡时间到了,搬着椅子坐在垫子边上开始脱衣服,脱完衣服后,安静地坐在椅子上等着上楼睡觉,表现出良好的按时午睡、坚持午睡的习惯。

小男孩具有基本的生活自理能力:先把鞋子脱掉,整齐地摆放在椅子下面;接着站在垫子上面脱掉了外套,又坐下来,将衣服放平,开始折叠衣服。在别人的帮助下,成功脱掉裤子后,又蹲在垫子上,把裤子整理好,有褶皱的地方拉平,将裤子对折再对折,已经具备穿脱、整理衣服的基本生活自理能力。

可见,小男孩的良好表现是和老师日常的鼓励分不开的:鼓励幼儿做力所能及的事情,对幼儿的尝试与努力给予肯定,不因做不好或做得慢而包办代替。因为任何能力的获得别人都是不能代替的,只能在自己亲历的活动中才能得以发展。

![技能训练]

学习故事：勇敢者之路①

观察时间：2016 年 4 月 16 日

观察对象：晨晨（中班）

记录人：周志爱、徐薇薇、许爱春

记录：

户外游戏玩轮胎时，晨晨对周围的几个小朋友说："我们把轮胎拼在一起吧！"说完晨晨将自己的轮胎放倒（见图 7 - 28），周围有几个小朋友也照做，她们一起将轮胎一个挨着一个放（见图 7 - 29），放好之后小朋友们排起了队一个接一个地从"轮胎路"上面走过（见图 7 - 30）。

图 7 - 28

图 7 - 29

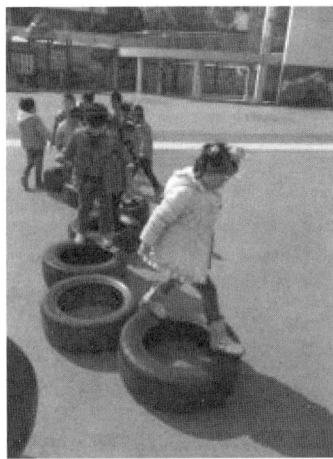

图 7 - 30

玩了一会后，小朋友们开始将自己的轮胎都拿走了，晨晨说："谁和我玩钻山洞？"旁边的几个小朋友听到后说："我们跟你一起玩。"他们将轮胎立起来靠在一起，晨晨钻进了"山洞"，可是好一会都没出的来（见图 7 - 31），于是晨晨又退了回来说："你们弄得不直，出不去。"（见图 7 - 32）于是几个小朋友讨论了一下，他们把一个轮胎放倒，然后把另一个轮胎立在倒的轮胎上，然后开始了"钻山洞"游戏（见图7 - 33）。

---

①　此案例来源于建湖县幼儿园。

  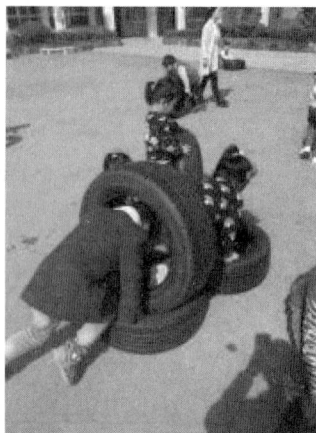

图 7 - 31   图 7 - 32   图 7 - 33

晨晨玩了一会说:"我们一起建个大的好不好?"小朋友们都表示同意,一起拼搭了起来,你们将轮胎倒下来一个接一个摆好(见图 7 - 34)。晨晨在其中的两个轮胎上各放了一个立起来的轮胎说:"这是钻的。"又和朋友一起将最后几个轮胎进行摞高说:"这是用来爬的。"完工之后小朋友们一个接一个地在轮胎上开始攀爬(见图7 - 35),晨晨说:"你们走稳点哦,掉到洞里就被怪物吃掉了。"晨晨到达终点后跑过来说:"老师,你瞧我们的勇敢者之路!"

图 7 - 34   图 7 - 35

训练要求:请从这篇学习故事中分析幼儿健康领域的学习与发展,并写出自己的教育思考。

知海拾贝

关注幼儿学习与发展的整体性(节选)

华东师范大学 李季湄

李季湄教授在解读《指南》时强调:如果无视《指南》各领域、各目标之间的相互联系,将导致教育的低效甚至无效,严重地影响幼儿的学习与发展。比如,健康领域希望幼儿(4—5岁)动作发展能做到"连续自抛自接球"("动作发展"目标1),如果仅仅只孤立地盯着这一目标,见木不见林地让幼儿反复地、强制性地接受训练的话,结果将是让幼儿会了动作而坏了情绪,完全丧失对体育活动的兴趣和参与活动的主动性。这样不仅让健康领域的其他目标,如"情绪安定愉快(身心状况目标2)"完全落空,也与社会领域的目标——"能按自己的想法进行游戏或其他活动"("人际交往"目标3)完全背道而驰。这种无视幼儿学习与发展的整体性,把《指南》的领域、目标分裂的错误做法不仅不能有效地实现《指南》的目标,相反会给幼儿的身心健康带来极其负面的影响。

第三节 语言领域的行为分析与指导

情境导入

在20世纪70年代初,美国曾发生了一起罕见的虐待儿童案件。一位叫吉妮的女孩,在其出生20个月起,被其暴虐的父亲囚禁在小屋中达12年之久。这期间,她既听不到声音,也看不到电视,而且只要她发出任何声音,便遭到父亲的毒打。她由盲人母亲定时喂饭,她的母亲由于惧怕丈夫,很少与吉妮交谈。吉妮直到13岁时才被人发现,这时她完全不能说话。后来语言专家对其进行了长达7年之久的认真细致的语言训练,但是她的语言表达远比同龄人差。

一、倾听与表达

(一)认真听并能听懂常用语言

1. 合理期待

3～4岁	4～5岁	5～6岁
1. 别人对自己说话时能注意听并做出回应。 2. 能听懂日常会话。	1. 在群体中能有意识地听与自己有关的信息。 2. 能结合情境感受到不同语气,语调所表达的不同意思。 3. 方言地区和少数民族幼儿能基本听懂普通话。	1. 在集体中能注意听老师或其他人讲话。 2. 听不懂或有疑问时能主动提问。 3. 能结合情境理解一些表示因果、假设等相对复杂的句子。

2.教育建议

（1）多给幼儿提供倾听和交谈的机会。

（2）引导幼儿学会认真倾听。

（3）对幼儿讲话时，注意结合情境使用丰富的语言，以便于幼儿理解。

（二）愿意讲话并能清楚地表达

1.合理期待

3～4岁	4～5岁	5～6岁
1. 愿意在熟悉的人面前说话、能大方地与人打招呼。 2. 基本会说本民族或本地区的语言。 3. 愿意表达自己的需要和想法，必要时能配以手势动作。 4. 能口齿清楚地说儿歌、童谣或复述简短的故事。	1. 愿意与他人交谈，喜欢谈论自己感兴趣的话题。 2. 会说本民族或本地区的语言，基本会说普通话。少数民族聚居地区幼儿会用普通话进行日常会话。 3. 能基本完整地讲述自己的所见所闻和经历的事情。 4. 讲述比较连贯。	1. 愿意与他人讨论问题，敢在众人面前说话。 2. 会说本民族或本地区的语言和普通话，发音正确清晰。少数民族聚居地区幼儿基本会说普通话。 3. 能有序、连贯、清楚地讲述一件事情。 4. 讲述时能使用常见的形容词、同义词等，语言比较生动。

2.教育建议

（1）为幼儿创造说话的机会并体验语言交往的乐趣。

（2）引导幼儿清楚地表达。

（三）具有文明的语言习惯

1.合理期待

3～4岁	4～5岁	5～6岁
1. 与别人讲话时知道眼睛要看着对方。 2. 说话自然，声音大小适中。 3. 能在成人的提醒下使用恰当的礼貌用语。	1. 别人对自己讲话时能回应。 2. 能根据场合调节自己说话声音的大小。 3. 能主动使用礼貌用语，不说脏话、粗话。	1. 别人讲话时能积极主动地回应。 2. 能根据谈话对象和需要，调整说话的语气。 3. 懂得按次序轮流讲话，不随意打断别人。 4. 能依据所处情境使用恰当的语言。如在别人难过时会用恰当的语言表示安慰。

2. 教育建议

（1）成人注意语言文明，为幼儿做出表率。

（2）帮助幼儿养成良好的语言行为习惯。

案例分析

吃完饺子，吐出珠子

电影《小人国》里有个片段，两个女孩用午餐时发起了交流。整个交流过程两个小女孩显得轻松、自然、愉悦。

短发女孩：吃完饺子，吐出珠子，什么东西？是什么水果？

长发女孩：嗯。（想了一会儿）

短发女孩：什么？

长发女孩：石榴！

短发女孩：错！

长发女孩：桂圆！

短发女孩：不对！

长发女孩：嗯，什么呢？

短发女孩：橘子不是一瓣一瓣的像饺子吗？吃完这个橘子就吐出这个籽儿吧？

长发女孩：没有籽儿，橘子里，有些有，有些没有。

短发女孩：刘，我说的是有籽儿的。听我说，吃完橘子吐出珠子，吐出那个籽儿，不是吗？

通过这篇观察记录可以看出，两个小女孩能够认真听并能听懂常用语言：别人对自己说话时能注意听并做出回应，能结合情境理解一些表示因果等相对复杂的句子。

两个小女孩愿意讲话并能清楚地表达：愿意与他人交谈，喜欢谈论自己感兴趣的话题，并能有序、连贯、清楚地讲述一件事情。

两个小女孩具有文明的语言习惯：别人讲话时能积极主动地回应，懂得按次序轮流讲话，不随意打断别人；能依据所处情境使用恰当的语言。

可想而知，这个班的教师并没有因为是进餐环节，就严格要求不能发出任何声音，而是能够多给幼儿提供倾听和交谈的机会，为幼儿创造说话的机会并体验语言交往的乐趣。

二、阅读与书写准备

(一)喜欢听故事,看图书

1. 合理期待

3～4岁	4～5岁	5～6岁
1. 主动要求成人讲故事、读图书。 2. 喜欢跟读韵律感强的儿歌、童谣。 3. 爱护图书,不乱撕、乱扔。	1. 反复看自己喜欢的图书。 2. 喜欢把听过的故事或看过的图书讲给别人听。 3. 对生活中常见的标识、符号感兴趣,知道它们表示一定的意义。	1. 专注地阅读图书。 2. 喜欢与他人一起谈论图书和故事的有关内容。 3. 对图书和生活情境中的文字符号感兴趣,知道文字表示一定的意义。

2. 教育建议

(1)为幼儿提供良好的阅读环境和条件。

(2)激发幼儿的阅读兴趣,培养阅读习惯。

(3)引导幼儿体会标识、文字符号的用途。

(二)具有初步的阅读理解能力

1. 合理期待

3～4岁	4～5岁	5～6岁
1. 能听懂短小的儿歌或故事。 2. 会看画面,能根据画面说出图中有什么,发生了什么事等。 3. 能理解图书上的文字是和画面对应的,是用来表达画面意义的。	1. 能大体讲出所听故事的主要内容。 2. 能根据连续画面提供的信息,大致说出故事的情节。 3. 能随着作品的展开产生喜悦、担忧等相应的情绪反应,体会作品所表达的情绪情感。	1. 能说出所阅读的幼儿文学作品的主要内容。 2. 能根据故事的部分情节或图书画面的线索猜想故事情节的发展,或续编、创编故事。 3. 对看过的图书、听过的故事能说出自己的看法。 4. 能初步感受文学语言的美。

2. 教育建议

(1)经常和幼儿一起阅读,引导他以自己的经验为基础理解图书的内容。

(2)在阅读中发展幼儿的想象和创造能力。

(3)引导幼儿感受文学作品的美。

（三）具有书面表达的愿望和初步技能

1. 合理期待

3～4岁	4～5岁	5～6岁
1. 喜欢用涂涂画画表达一定的意思。	1. 愿意用图画和符号表达自己的愿望和想法。 2. 在成人提醒下，写写画画时姿势正确。	1. 愿意用图画和符号表现事物或故事。 2. 会正确书写自己的名字。 3. 写画时姿势正确。

2. 教育建议

（1）让幼儿在写写画画的过程中体验文字符号的功能，培养书写兴趣。

（2）在绘画和游戏中做必要的书写准备。

案例分析

我还以为"肺疼"呢

今天一诺（5岁女孩）听完《小鲤鱼历险记》的录音故事，就跑过来问我："妈妈，沸腾是什么意思啊，为什么阿酷给观众们表演完魔术，观众们就沸腾了呢？"我就给她解释："沸腾啊，就是观众们觉得阿酷演得很棒，然后就很兴奋，发出欢呼和鼓掌的声音，很热闹。"听完我的解释，一诺终于松了口气说："哦，原来是这样啊，我还以为观众们看了阿酷的表演就'肺疼'呢！"说着，她还拍了拍自己的胸部。

这篇观察记录可以体现出，小女孩具备较好的阅读理解能力：尽管她对沸腾的初始理解是错误的，但却反映出她在专注倾听故事，积极理解故事内容，当她发现自己的理解从逻辑或常理上解释不通时，她就主动询问，发现妈妈的解释是更符合故事的逻辑时，她欣然接受，这恰恰反映出了孩子较好的阅读和理解能力，积极思考，敢于质疑，寻求更加合理的解释。

作为成人，可以进一步为幼儿提供良好的阅读环境和条件，引导幼儿以自己的经验为基础理解图书的内容，发展幼儿的想象力和创造力，激发幼儿的阅读兴趣，培养阅读习惯。

技 能 训 练

点名是每天的必要环节，在点名过程中小班孩子能认识朋友，熟悉伙伴。琪琪是个内向的孩子，从不敢在集体面前说话。每次点到她的名字，总是听到一个细小的声音："到。"我会边点头边笑着对她说："琪琪，声音能再大一点点吗？"我再次叫她的名字，她却用大大的眼睛胆怯地看着我，不肯答应。多次尝试无果。一次，琪琪的妈妈来问我要班级孩子的名单，因为琪琪识字，想在家里学着老师点名。听到琪琪妈妈的话,我茅塞顿开,以后可以让琪琪试着在幼儿园里点名。第二天我向小朋友介绍:"今天我请来了一位小老师点名,你们可要仔细听好哦!琪琪老师,请上来吧!我们拍手欢迎!"琪琪一听,脸马上涨红了,带着羞涩、紧张,还有一点点自豪,她慢慢地走到前面,接过名单看看我。我微笑着对她说:"琪琪老师,点名吧!"她开始用蚊子般的声音说出第一个孩子的名字,被点到的孩子并没有听到,因此没有人答应。坐在前面的婷婷听到了,响亮地说:"涵涵,叫你呢!"我继续鼓励琪琪:"琪琪老师,声音再大一点点,再大一点点小朋友就能听到了。"琪琪看了我一眼,声音稍微大了一点:"涵涵。"涵涵马上答应。我连忙带着小朋友们拍手,并说道:"琪琪老师真棒!"接着点头示意让她继续点名,她声音还是怯怯的,但已经大了一点点,其他孩子这时更安静了,用心倾听着。我时而竖起大拇指,时而对她微笑鼓励,终于点名结束了,琪琪不由得长叹了一下,我轻轻地拥抱她:"琪琪老师能叫出每个小朋友的名字,好棒哦!"说完带着小朋友再次鼓掌并表示感谢,琪琪笑眯眯地坐回座位。接下来几天我继续请她来点名,时不时地送上鼓励,琪琪慢慢地变得勇敢了,胆怯悄悄退去,她甜美、响亮的声音每个孩子都能听到!①

训练要求:请从这篇记录中分析幼儿语言领域的学习与发展,并写出自己的教育思考。

知海拾贝

关注幼儿语言学习的特点,

采用符合学前教育规律的方式组织活动(节选)

华东师范大学 周 兢

《指南》明确指出:"幼儿的语言学习需要相应的社会经验支持,应通过多种活动扩展幼儿的生活经验,丰富语言的内容,增强理解和表达能力。"幼儿阶段的语言学习活动,应当首先是早期教育的活动,具有符合学前儿童学习规律的三个基本特征。

1. 在活动中学习语言。组织幼儿语言学习活动的核心概念是,除了创造一个和谐融洽的师幼互动环境,让幼儿在轻松、愉快的学习氛围中学习交流之外,还需要考虑采用灵活多变的教学方法,激发幼儿运用语言进行交往的兴趣,让幼儿带着乐意的、愉快的心境在活动中学习,在学习中活动,从而达成积极主动、卓有成效的学习效果。

2. 在游戏中学习语言。幼儿在游戏中可以更好地理解学习内容,帮助幼儿连接个人的经验与所学内容之间的联系,通过游戏促进幼儿语言包括早期阅读和读

---

① 管旅华.3—6岁儿童学习与发展指南案例式解读[M].上海:华东师范大学出版社,2013:78-79.

写的动机愿望,他们可以不断获得学习的快乐,加深对学习内容的理解。

3. 在创造中学习语言。宽松的语言学习环境是愉快的,是积极互动的,也是富含语言创造机会的。在创造中学习语言,意味着给幼儿提供质疑提问的机会,让他们大胆思考和表达自己的想法;在创造中学习语言,还要求鼓励幼儿大胆想象,在学习诗歌时可以仿编自己的诗句,在理解故事之后可以想象表达自己的故事结尾,在阅读图书之后还可以画画自己的小书。在创造中学习语言,还要求允许幼儿表达不同于别人的意见,并且坚持观点尝试说出己见。在创造中学习语言将贯穿和融合在教育过程的一切活动之中。

第四节　社会领域的行为分析与指导

情境导入

洛克说:"有些人,尤其是儿童,常常在生人或他们的长辈面前显出一种粗俗的羞怯态度,他们的思想言辞容貌,全部显得狼狈不堪;自己在紊乱中也失去了主宰,什么事情都做不成,至少做来显得不自然,不优雅,不能因此得到人家的喜悦与欢迎。医治这种毛病的唯一办法也与医治其他毛病的办法一样,要使他们通过练习养成一种相反的习惯,而主要的就是多交各种朋友。"

幼儿社会性发展和教育是近20年来国际社会研究的热点问题之一。而21世纪的幼儿教育已经从以往的单纯重视智力的发展转变为重视包括儿童个性以及社会性等多方面的发展。幼儿时期是儿童身心发展的关键时期,是幼儿个性和社会性开始形成的关键期,也是个体各种素质结构奠基阶段。因此,在幼儿园教育中教师应加强对幼儿交往能力的培养。

一、人际交往

(一)愿意与人交往

1. 合理期待

3～4岁	4～5岁	5～6岁
1. 愿意和小朋友一起游戏。 2. 愿意与熟悉的长辈一起活动。	1. 喜欢和小朋友一起游戏,有经常一起玩的小伙伴。 2. 喜欢和长辈交谈,有事愿意告诉长辈。	1. 有自己的好朋友,也喜欢结交新朋友。 2. 有问题愿意向别人请教。 3. 有高兴的或有趣的事愿意与大家分享。

2. 教育建议

（1）主动亲近和关心幼儿，经常和他一起游戏或活动，让幼儿感受到与成人交往的快乐，建立亲密的亲子关系和师生关系。

（2）创造交往的机会，让幼儿体会交往的乐趣。

（二）能与同伴友好相处

1. 合理期待

3～4 岁	4～5 岁	5～6 岁
1. 想加入同伴的游戏时，能友好地提出请求。 2. 在成人指导下，不争抢、不独霸玩具。 3. 与同伴发生冲突时，能听从成人的劝解。	1. 会运用介绍自己、交换玩具等简单技巧加入同伴游戏。 2. 对大家都喜欢的东西能轮流、分享。 3. 与同伴发生冲突时，能在他人帮助下和平解决。 4. 活动时愿意接受同伴的意见和建议。 5. 不欺负弱小。	1. 能想办法吸引同伴和自己一起游戏。 2. 活动时能与同伴分工合作，遇到困难能一起克服。 3. 与同伴发生冲突时能自己协商解决。 4. 知道别人的想法有时和自己不一样，能倾听和接受别人的意见，不能接受时会说明理由。 5. 不欺负别人，也不允许别人欺负自己。

2. 教育建议

（1）结合具体情境，指导幼儿学习交往的基本规则和技能。

（2）结合具体情境，引导幼儿换位思考，学习理解别人。

（3）和幼儿一起谈谈他的好朋友，说说喜欢这个朋友的原因，引导他多发现同伴的优点、长处。

（三）具有自尊、自信、自主的表现

1. 合理期待

3～4 岁	4～5 岁	5～6 岁
1. 能根据自己的兴趣选择游戏或其他活动。 2. 为自己的好行为或活动成果感到高兴。 3. 自己能做的事情愿意自己做。 4. 喜欢承担一些小任务。	1. 能按自己的想法进行游戏或其他活动。 2. 知道自己的一些优点和长处，并对此感到满意。 3. 自己的事情尽量自己做，不愿意依赖别人。 4. 敢于尝试有一定难度的活动和任务。	1. 能主动发起活动或在活动中出主意、想办法。 2. 做了好事或取得了成功后还想做得更好。 3. 自己的事情自己做，不会的愿意学。 4. 主动承担任务，遇到困难能够坚持而不轻易求助。 5. 与别人的看法不同时，敢于坚持自己的意见并说出理由。

2. 教育建议

（1）关注幼儿的感受，保护其自尊心和自信心。

（2）鼓励幼儿自主决定，独立做事，增强其自尊心和自信心。

（四）关心尊重他人

1. 合理期待

3～4岁	4～5岁	5～6岁
1. 长辈讲话时能认真听，并能听从长辈的要求。 2. 身边的人生病或不开心时表示同情。 3. 在提醒下能做到不打扰别人。	1. 会用礼貌的方式向长辈表达自己的要求和想法。 2. 能注意到别人的情绪，并有关心、体贴的表现。 3. 知道父母的职业，能体会到父母为养育自己所付出的辛劳。	1. 能有礼貌地与人交往。 2. 能关注别人的情绪和需要，并能给予力所能及的帮助。 3. 尊重为大家提供服务的人，珍惜他们的劳动成果。 4. 接纳、尊重与自己的生活方式或习惯不同的人。

2. 教育建议

（1）成人以身作则，以尊重、关心的态度对待自己的父母、长辈和其他人。

（2）引导幼儿尊重、关心长辈和身边的人，尊重他人劳动及成果。

（3）引导幼儿学习用平等、接纳和尊重的态度对待差异。

案例分析

抢棍子事件

栋栋向王丽老师哭诉："他把我的棍子拿走了。"

王丽老师说："你可以跟他要。"

可是栋栋有些害怕，想求王丽老师帮助他。

王丽老师表示爱莫能助："那是你的棍子，你的棍子你有权利要，我没有办法。"

栋栋委屈极了："他没有权利拿走我的棍子，但是他不还给我。"

王丽老师鼓励道："你可以一直问他要下去，试试看。"

"我不想跟池亦洋要，因为池亦洋会打我。"

"你没有试，怎么知道他会打你呢？"

"他本来就会打人。"

"我陪你去，好吗？我在你旁边。"王丽老师为栋栋壮胆，带着栋栋去找池亦洋。

池亦洋正低头蹲在地上，用木棍砸着地。

"池亦洋，请把你那个棍子还我。"栋栋的声音有点颤抖。

池亦洋根本不予理睬，跟身边的小朋友扯着别的话题。

"池亦洋，请把棍子还给我！池亦洋，请把棍子还给我！"栋栋提高了嗓门。

池亦洋假装并不见,栋栋在一边毫无办法。

就在双方僵持不下的时候,忽然传来一个声音:"池亦洋,再不把陈炳栋的棍子还给他,我就不跟你好!"

说话的佳佳,也是池亦洋的好朋友。不过这个要挟对池亦洋来说只是耳旁风,他连头都没有抬一下。而平时没有机会靠近池亦洋的孩子,马上趁此机会向池亦洋示好。

佳佳孤立无援,却不肯罢手。他打算给栋栋另外一根棍子,没想到栋栋却不领情,仍然指着池亦洋手中攥着的木棍:"我是要这个。"

佳佳又想出一个办法:"池亦洋,如果你还给他的话,我给你个纸飞机。你想不想要纸飞机?"

池亦洋不假思索道:"想。"

佳佳再次提出要求:"如果你把棍子还给陈炳栋,我就给你。"

池亦洋这回不干了:"我叠的还比你叠的好呢!"

尽管佳佳折纸飞机在幼儿园小有名气,可是在这个时候提出这样的条件,根本起不到作用。而且佳佳没有观察到池亦洋的表情,那是暴风雨前的宁静。

栋栋见佳佳的努力白费了,又可怜兮兮地恳求道:"池亦洋请还给我,那是我的棍子,我都把嘴说疼了。"

"池亦洋,如果你还给陈炳栋,我可以送给你一个玩具,行吗?"

佳佳锲而不舍地追问着,池亦洋被激怒了,猛然起身,冲着佳佳大喊起来:"少废话,我把你们打成肉泥!"

王丽老师不答应了:"为什么? 我们都要被你打成肉泥吗?"

池亦洋肯定地说:"对!"说着攥拳擦了擦额头。

"刚才佳佳还告诉我不要插话呢,我都没敢说话,你为什么要把我打成肉泥? 那我们几个合起来把你拉紧紧的,你动弹都动弹不了,你怎么打我们呢?"王丽老师还想以理服人。

"真敢说!"池亦洋起身抢起了棍子。

王丽老师正色道:"池亦洋我告诉你啊,不可以打人的。那个棍子必须还给陈炳栋。"

王丽老师见池亦洋抢起棍子非常生气,空气顿时凝固了。栋栋趁人不注意偷偷溜开了,佳佳也像被点了穴僵住了,只有王丽老师还要求池亦洋还回棍子。

池亦洋作势要打王丽老师,两人正在对峙之中,大李老师冲上来阻止池亦洋:"那个棍子必须还给陈炳栋,你不可以这样对付别人。这个棍子本来就是人家陈炳栋的,归别人所有;你从人家手上抢走了,这是不对的,请你还给别人! 在这个世界上,用暴力去征服别人的人是没有出息的,你不可以用暴力——我相信你也不会用暴力征服别人,对吧? 请你放开!"

在大李老师面前,池亦洋的表情已经没有了刚才的气势汹汹和得意扬扬,眼神也变得躲躲闪闪。

大李老师转向栋栋:"栋栋,你看,你要这样要,池亦洋他是愿意还给你的。池亦洋其实也是一个很好的人,他很愿意把你的东西还给你;只要你坚持要,就可以要到的。"

"谢谢你,谢谢你还给他。"大李说着,就把棍子从池亦洋已经松动的手中抽了出来。

这时王丽老师把佳佳抱在怀中:"佳佳,你今天太勇敢了。你帮助陈炳栋了,而且想了很多办法,你很勇敢,我抱你一下。"

这一举动再次激怒了池亦洋,他恶狠狠地说:"但是都没有用!"

"可是我们已经获得了棍子,走了噢!"王丽老师高高兴兴地带着佳佳和栋栋扬长而去。池亦洋摆出电视中英雄的姿态,信誓旦旦地说:"总有一天我会重新抢过来的!"①

从"抢棍子事件"中,我们可以看出池亦洋、陈炳栋、佳佳三个孩子其实都是愿意与人交往的,否则他们也不会凑到一起玩,但同时也反映出他们各自的人际交往特点。

池亦洋:在"抢棍子事件中",池亦洋表现出不能与同伴友好相处,与同伴发生冲突时,表现出霸道,欺负别人,不能关注别人的情绪和需要,不能够倾听和接受别人的意见。当然,也不是不可救药,最后在大李老师理性劝说下,松开了手中的棍子。

陈炳栋:缺乏自尊、自信、自主,不敢坚持自己的意见,主动面对困难;遇到困难不敢坚持,总是轻易求助。

佳佳:关心尊重他人,能有礼貌地与人交往,能关注别人的情绪和需要,并能给予力所能及的帮助。

王丽老师鼓励陈炳栋自主决定,独立做事,增强其自尊心和自信心以及肯定佳佳的助人行为都是合适的,但对池亦洋采取的教育措施效果并不明显,而大李老师面对池亦洋的霸道,在充分肯定的基础上采取了温柔而坚定的做法,取得了较好的效果。

二、社会适应

(一) 喜欢并适应群体生活

1. 合理期待

3～4岁	4～5岁	5～6岁
1. 对群体活动有兴趣。 2. 对幼儿园的生活好奇,喜欢上幼儿园。	1. 愿意并主动参加群体活动。 2. 愿意与家长一起参加社区的一些群体活动。	1. 在群体活动中积极、快乐。 2. 对小学生活有好奇和向往。

2. 教育建议

(1) 经常和幼儿一起参加一些群体性活动,让幼儿体会群体活动的乐趣。

---

① 王烨芳.学前儿童行为观察与分析[M].南京:江苏教育出版社,2012:201.

（2）幼儿园组织活动时,可以经常打破班级的界限,让幼儿有更多机会参加不同群体的活动。

（3）带领大班幼儿参观小学,讲讲小学有趣的活动,唤起他们对小学生活的好奇和向往,为入学做好心理准备。

（二）遵守基本的行为规范

1. 合理期待

3～4岁	4～5岁	5～6岁
1. 在提醒下,能遵守游戏和公共场所的规则。 2. 知道不经允许不能拿别人的东西,借别人的东西要归还。 3. 在成人提醒下,爱护玩具和其他物品。	1. 感受规则的意义,并能基本遵守规则。 2. 不私自拿不属于自己的东西。 3. 知道说谎是不对的。 4. 知道接受了的任务要努力完成。 5. 在提醒下,能节约粮食、水电等。	1. 理解规则的意义,能与同伴协商制定游戏和活动规则。 2. 爱惜物品,用别人的东西时也知道爱护。 3. 做了错事敢于承认,不说谎。 4. 能认真负责地完成自己所接受的任务。 5. 爱护身边的环境,注意节约资源。

2. 教育建议

（1）成人要遵守社会行为规则,为幼儿树立良好的榜样。

（2）结合社会生活实际,帮助幼儿了解基本行为规则或其他游戏规则,体会规则的重要性,学习自觉遵守规则。

（3）教育幼儿要诚实守信。

（三）具有初步的归属感

1. 合理期待

3～4岁	4～5岁	5～6岁
1. 知道和自己一起生活的家庭成员及与自己的关系,体会到自己是家庭的一员。 2. 能感受到家庭生活的温暖,爱父母,亲近与信赖长辈。 3. 能说出自己家所在街道、小区（乡镇、村）的名称。 4. 认识国旗,知道国歌。	1. 喜欢自己所在的幼儿园和班级,积极参加集体活动。 2. 能说出自己家庭所在地的省、市、县(区)名称,知道当地有代表性的物产或景观。 3. 知道自己是中国人。 4. 奏国歌、升国旗时能自动站好。	1. 愿意为集体做事,为集体的成绩感到高兴。 2. 能感受到家乡的发展变化并为此感到高兴。 3. 知道自己的民族,知道中国是一个多民族的大家庭,各民族之间要互相尊重,团结友爱。 4. 知道国家一些重大成绩,爱祖国,为自己是中国人感到自豪。

2. 教育建议

(1) 亲切地对待幼儿,关心幼儿,让他感到长辈是可亲、可近、可信赖的,家庭和幼儿园是温暖的。

(2) 吸引和鼓励幼儿参加集体活动,萌发集体意识。

(3) 运用幼儿喜闻乐见和能够理解的方式激发幼儿爱家乡、爱祖国的情感。

案例分析

　　夏天的早晨,巴学园热闹非凡。早到的孩子们或者坐在台阶上七嘴八舌地聊着天,或者三五成群地在院子里追逐嬉戏。在这热闹的场景中,有个女孩子却显得格外特殊。她入园后,离伙伴们远远的,静静地站在一个角落里,不时地向大门口张望着。小朋友们进屋了,她没有反应;大家都在吃早餐了,她依然默默地站在外面,两眼不断地瞟向门口,下意识地摆弄着手里的奥特曼玩具,似乎在等什么人。

　　这个女孩名叫辰辰,刚从别的幼儿园转来巴学园两个星期,显得很不合群。这会儿,她会是在等谁呢?

　　看见辰辰的样子,老师不禁心中一动,她明白,辰辰在等一个名叫南德的小伙伴。南德今年4岁,来巴学园一年多了,是辰辰中班的同学。

　　老师也知道,辰辰等南德,这已经不是第一次了。她走过去把辰辰拉到门外的台阶上坐下,亲切地建议道:"我们进屋子等好不好?"

　　"不好!"辰辰的回答很干脆。

　　"咱们在阅览区边听故事边等好不好?"老师又提议。

　　"不好!"

　　"拿着你的奥特曼一起等吧,等一会南德就来了,行吧?"

　　"不行。"辰辰的语言中毫无商量的余地。

　　"辰辰,那如果今天南德不来的话,你还要在这儿等吗?"

　　"来。"辰辰坚定地说。

　　"你们俩昨天是不是说好了啊?今天南德一定来?是不是?"

　　这一次,辰辰没有吭声,但眼睛偶尔还往门那个方向瞥一瞥。

　　小朋友已经吃完了早饭,在大厅里围成了一个圈坐在老师身边唱儿歌了,辰辰依然在等待。

　　一个小时过去了,辰辰还在院子里,时而摆弄着自己的奥特曼玩具,时而在大象滑梯边踱来踱去。但是,这一天,辰辰没有等到她的小伙伴。

　　第二天,辰辰来得更早,仍然待在院子里等南德,只是手里的玩具换成了小海螺。校车来了,辰辰眼巴巴地望着车门打开,小朋友们陆续走下来,却不见南德的影子。辰辰俨然有的是耐心,边摆弄着小海螺,边关注着门口的动静。

　　小朋友吃罢早餐,开始游戏了,南德还没出现。老师再次劝辰辰进屋:

"穿你的室内鞋吧!"

"我不想在里头等。"辰辰依然不听老师的提议。

"想在外面等是吧? 可以的,来,坐在这儿。"

老师陪辰辰在室外台阶上坐下,拿出书本给她讲起了故事:"野兔跑起来啊,一小时能跑五十到七十千米,所以它跑得很快……"见辰辰不感兴趣,老师转换了内容,"我看再找一个,这是什么? 蝴蝶。"

半小时后,南德终于在妈妈的陪同下姗姗来迟。

终于见到南德,辰辰高兴地跳了起来。

一进门,南德便拉住了辰辰,两个小伙伴亲亲热热地交流起来。这么小的孩子能有什么话题聊呢?

瞧吧,辰辰开心地拿出小海螺,要南德吹一下,但南德却不在意地从兜里掏出一元钱放到辰辰面前,那钱不小心掉地上了,南德把它捡起来重新交给辰辰。

辰辰一心想和小伙伴分享自己心爱的玩具,她把小海螺举到南德嘴边:"吹一下。"

南德吹了一下,辰辰得意地笑了:"嘿嘿,好玩不?"

南德认真地看了看小海螺,感觉模样很不整齐,疑问道:"捏瘪了?"

"没捏瘪。它就是这样子的海螺。"辰辰解释道。

小孩子们的快乐就是来自这么细碎、这么不起眼的小事情。①

从辰辰对南德的执着等待来看,辰辰还不能真正喜欢并适应幼儿园的群体生活,对群体活动尚缺乏兴趣,还谈不上对幼儿园的生活好奇,喜欢上幼儿园。幼儿园还不能给辰辰带来初步的归属感,辰辰将安全感全部寄托在南德身上,等待让她的心理获得了安慰,等待成了辰辰平复不安情绪的方式,也成为她适应新环境的突破口。而老师的接纳和等待,就是对辰辰最好的支持和心理慰藉。

技能训练

马克斯(5岁7个月)和他的好朋友正在自行车车道上骑滑板车。玩了一会儿,他们用小货车玩运泥土的游戏。5分钟后,马克斯回来了,看到克劳迪娅正在骑他的滑板车。马克斯抓住滑板车的把手,说:"这是我的滑板车。"克劳迪娅并没有从车上下来,只是说:"你离开了,去玩别的了。"马克斯抓得更紧了,重复说:"轮到我玩了。"他俩一直僵持着,直到马克斯喊我的名字:"特雷西老师,我要骑滑板车。"我走近他,说:"看起来,你俩都想骑这辆滑板车。我不知道怎样做才能让你们两个开心。"马克斯说:"我们可以轮流,让我先骑。"我问:"你们想骑几圈?"马克斯说:"五圈。"克劳迪娅说:"两圈。"马克斯说:"五圈。"克劳迪娅说:"三圈。"马克斯说:"五圈。"克劳迪娅

---

① 王烨芳.学前儿童行为观察与分析[M].南京:江苏教育出版社,2012:165.

说:"四圈。"马克斯说:"五圈。"克劳迪娅说:"好吧,五圈。"克劳迪娅下了车,让马克斯骑。骑了五圈后,马克斯把车交给了克劳迪娅。[①]

训练要求:请从这篇观察记录中分析幼儿社会领域的学习与发展,并写出自己的教育思考。

知海拾贝

注重活动中的体验,避免简单说教

北京师范大学　冯晓霞

在幼儿社会领域的学习与发展中,"体验"是一种非常重要的学习方式,特别是情感态度类的学习,更不是简单地"讲道理"所能奏效的。原则上讲,态度不是"教"出来的,也不是可以脱离其他内容而单独存在的东西,它是伴随着活动过程而产生的体验。我们以幼儿自尊和自信的形成为例来进行说明。

自尊、自信是个体对自己的一种评价性和情感性的态度,属于自我系统中的情感成分。它是一种积极的个性品质,也是个体发展极为重要的内在动力。

一般而言,情感态度类目标实现的基本途径是"体验"。自尊、自信属于情感态度类目标,它的形成主要来自于交往过程和各种活动过程中的"体验",与个人的自我价值感和能力感(自我效能)密切相关。

有研究表明,人对自己的态度主要受三个因素的影响。

别人对自己的态度和评价。别人的态度和评价被自己感知到,就会影响自己对自己的看法。英国著名社会学家库利指出,"自我概念是他人反馈的函数","人是在他人眼睛中照见自己的",他人的态度像是自我的一面"社会性镜子"。一个人如果经常感受到别人对自己是友好、关爱、尊重的,那么他的自我价值感就会较高,就容易形成自尊和自信,反之,则容易自卑。

个人活动经验(自我感觉)。人在活动中的成功感或挫败感会影响其对自己的看法和态度。经常获得成功的体验,人的自尊、自信就会增强,反之,就会降低。

社会比较。在活动过程中,人常常自觉或不自觉地把同伴作为衡量自己的标准,并根据比较结果对自己做出评价。

幼儿最初的自我价值感来自于父母无微不至的关怀和照顾,最初的能力感与其动作的发展和对环境的"控制"有关。安全感、归属感、成功感等直接影响幼儿的自尊、自信。

教师对幼儿关爱、肯定、信任、尊重的态度及为幼儿提供的自主、成功的机会等,都有利于提高幼儿的自尊、自信;反之,不考虑幼儿之间的个别差异,用同一难度的任务要求所有幼儿,必定会使一部分幼儿产生挫败感,降低他们的自尊、自

[①] 　盖伊·格朗兰德,玛琳·詹姆斯. 聚焦式观察:儿童观察、评价与课程设计[M].梁惠娟,译.北京:教育科学出版社,2017:39.

信。而拿一些幼儿的弱项与其他幼儿的强项比较,更是一种严重伤害其自尊、自信的错误做法,一定要加以杜绝。

第五节　科学领域的行为分析与指导

情境导入

有一天,一位朋友的夫人来看陶行知先生。陶先生热情地让她坐下,又倒了一杯茶给她,问道:"怎么不带儿子一起来玩?"

这位夫人有点气呼呼地说:"别提了,一提就叫我生气。今天我把他结结实实打了一顿。"

陶先生惊异地问:"这是为什么? 你儿子很聪明,蛮可爱的哩!"

朋友的夫人取出一个纸包,里面被拆得乱七八糟的一块手表。这表成色还很新,镀金的表壳打开了,玻璃破碎,连秒针也掉了下来。她生气地说:"陶先生,这表是才买的,竟被我儿子拆成这样,您说可气不可气! 他才七八岁,就敢拆表,将来大了恐怕连房子都敢拆呢! 所以我打了他一顿。"

陶先生听了笑笑说:"坏了,恐怕中国的爱迪生被你枪毙了!"

人们也许会认为科学很深奥,很专业,其实生活中处处有科学。就看家长和老师是否善于发现以及引导孩子去认识、探索这些科学现象。而且,幼儿有着天生的好奇心,好奇心是孩子学习的内驱力,它对孩子形成对周围事物的积极态度有着重要的作用。

一、科学探究

(一) 亲近自然,喜欢探究

1. 合理期待

3～4岁	4～5岁	5～6岁
1. 喜欢接触大自然,对周围的很多事物和现象感兴趣。 2. 经常问各种问题,或好奇地摆弄物品。	1. 喜欢接触新事物,经常问一些与新事物有关的问题。 2. 常常动手动脑探索物体和材料,并乐在其中。	1. 对自己感兴趣的问题总是刨根问底。 2. 能经常动手动脑寻找问题的答案。 3. 探索中有所发现时感到兴奋和满足。

2. 教育建议

(1) 经常带幼儿接触大自然,激发其好奇心与探究欲望。

(2) 真诚地接纳、多方面支持和鼓励幼儿的探索行为。

（二）具有初步的探究能力

1. 合理期待

3～4岁	4～5岁	5～6岁
1. 对感兴趣的事物能仔细观察，发现其明显特征。 2. 能用多种感官或动作去探索物体，关注动作所产生的结果。	1. 能对事物或现象进行观察比较，发现其相同与不同。 2. 能根据观察结果提出问题，并大胆猜测答案。 3. 能通过简单的调查收集信息。 4. 能用图画或其他符号进行记录。	1. 能通过观察、比较与分析，发现并描述不同种类物体的特征或某个事物前后的变化。 2. 能用一定的方法验证自己的猜测。 3. 在成人的帮助下能制订简单的调查计划并执行。 4. 能用数字、图画、图表或其他符号记录。 5. 探究中能与他人合作与交流。

2. 教育建议

（1）有意识地引导幼儿观察周围事物，学习观察的基本方法，培养观察与分类能力。

（2）支持和鼓励幼儿在探究的过程中积极动手动脑寻找答案或解决问题。

（3）鼓励和引导幼儿学习做简单的计划和记录，并与他人交流分享。

（4）帮助幼儿回顾自己探究过程，讨论自己做了什么，怎么做的，结果与计划目标是否一致，分析一下原因以及下一步要怎样做等。

（三）在探究中认识周围事物和现象

1. 合理期待

3～4岁	4～5岁	5～6岁
1. 认识常见的动植物，能注意并发现周围的动植物是多种多样的。 2. 能感知和发现物体和材料的软硬、光滑和粗糙等特性。 3. 能感知和体验天气对自己生活和活动的影响。 4. 初步了解和体会动植物和人们生活的关系。	1. 能感知和发现动植物的生长变化及其基本条件。 2. 能感知和发现常见材料的溶解、传热等性质或用途。 3. 能感知和发现简单物理现象，如物体形态或位置变化等。 4. 能感知和发现不同季节的特点，体验季节对动植物和人的影响。 5. 初步感知常用科技产品与自己生活的关系，知道科技产品有利也有弊。	1. 能察觉到动植物的外形特征、习性与生存环境的适应关系。 2. 能发现常见物体的结构和功能之间的关系。 3. 能探索并发现常见的物理现象产生的条件或影响因素，如影子、沉浮等。 4. 感知并了解季节变化的周期性，知道变化的顺序。 5. 初步了解人们的生活与自然环境的密切关系，知道尊重和珍惜生命，保护环境。

2. 教育建议

（1）支持幼儿在接触自然、生活事物和现象中积累有益的直接经验和感性认识。

（2）引导幼儿在探究中思考，尝试进行简单的推理和分析，发现事物之间明显的关联。

（3）引导幼儿关注和了解自然、科技产品与人们生活的密切关系，逐渐懂得热爱、尊重、保护自然。

案例分析

（小一班）午睡起床后，女孩子们排着队等着梳小辫，可小辫都梳好了，林文静和张清怡还站在钢琴前低声说着话，边说边指着钢琴，我走进些听清了她们的对话。

林文静："看，钢琴里有你的影子，还有我的。"我一听觉得很有趣，没有打断她们，而是拿出手机将镜头悄悄对准了她们。

张清怡："不对，影子没有眼睛，这个有眼睛，还有鼻子、嘴巴。"向钢琴又走近一步，贴近钢琴看了一眼。声音也比刚才大了一些："还有头发。"

林文静："是影子。"用手一指钢琴，"我们都是黑的。"拉过身后的高东轩，"高东轩，你说对不对。"

高东轩点点头："对，郝老师带我们玩'踩影子'，影子是黑的，郝老师的影子比我们的都长。"

张清怡嘴撅了起来："郝老师的影子也没有眼睛。"边说边四处看着，"该去玩区角了。"说完就跑回了自己的座位上。区域活动开始了，孩子们又投入新的游戏中。①

从这篇观察记录中可以看出，几个孩子喜欢探究，对周围的很多事物和现象感兴趣，经常问各种问题，或好奇地摆弄物品。

几个孩子具有初步的探究能力：对感兴趣的事物能仔细观察，发现其明显特征；能对事物或现象进行观察比较，发现其相同与不同；能通过观察、比较与分析，发现并描述不同种类物体的特征。

几个孩子在探究中认识周围事物和现象，发现并描述不同种类物体的特征。

教师在捕捉幼儿兴趣的基础上，能进一步真诚地接纳、支持和鼓励幼儿的探索行为就更好了。

---

① 郝俊英. 钢琴里的影子—幼儿观察记录[J]. 幼教园地，2016(5).

二、数学认知

（一）初步感知生活中数学的有用和有趣

1. 合理期待

3～4 岁	4～5 岁	5～6 岁
1. 感知和发现周围物体的形状是多种多样的，对不同的形状感兴趣。 2. 体验和发现生活中很多地方都用到数。	1. 在指导下，感知和体会有些事物可以用形状来描述。 2. 在指导下，感知和体会有些事物可以用数来描述，对环境中各种数字的含义有进一步探究的兴趣。	1. 能发现事物简单的排列规律，并尝试创造新的排列规律。 2. 能发现生活中许多问题都可以用数学的方法来解决，体验解决问题的乐趣。

2. 教育建议

（1）引导幼儿注意事物的形状特征，尝试用表示形状的词来描述事物，体会描述的生动形象性和趣味性。

（2）引导幼儿感知和体会生活中很多地方都用到数，关注周围与自己生活密切相关的数的信息，体会数可以代表不同的意义。

（3）引导幼儿观察发现按照一定规律排列的事物，体会其中的排列特点与规律，并尝试自己创造出新的排列规律。

（4）鼓励和支持幼儿发现、尝试解决日常生活中需要用到数学的问题，体会数学的用处。

（二）感知和理解数、量及数量关系

1. 合理期待

3～4 岁	4～5 岁	5～6 岁
1. 能感知和区分物体的大小、多少、高矮长短等量方面的特点，并能用相应的词表示。 2. 能通过一一对应的方法比较两组物体的多少。 3. 能手口一致地点数 5 个以内的物体，并能说出总数。能按数取物。 4. 能用数词描述事物或动作。如我有 4 本图书。	1. 能感知和区分物体的粗细、厚薄、轻重等量方面的特点，并能用相应的词语描述。 2. 能通过数数比较两组物体的多少。 3. 能通过实际操作理解数与数之间的关系，如 5 比 4 多 1；2 和 3 合在一起是 5。 4. 会用数词描述事物的排列顺序和位置。	1. 初步理解量的相对性。 2. 借助实际情境和操作（如合并或拿取）理解"加"和"减"的实际意义。 3. 能通过实物操作或其他方法进行 10 以内的加减运算。 4. 能用简单的记录表、统计图等表示简单的数量关系。

2. 教育建议

（1）引导幼儿感知和理解事物"量"的特征。

（2）结合日常生活，指导幼儿学习通过对应或数数的方式比较物体的多少。

（3）利用生活和游戏中的实际情境，引导幼儿理解数概念。

（4）通过实物操作引导幼儿理解数与数之间的关系，并用"加"或"减"的办法来解决问题。

（三）感知形状与空间关系

1. 合理期待

3～4岁	4～5岁	5～6岁
1. 能注意物体较明显的形状特征，并能用自己的语言描述。 2. 能感知物体基本的空间位置与方位，理解上下、前后、里外等方位词。	1. 能感知物体的形体结构特征，画出或拼搭出该物体的造型。 2. 能感知和发现常见几何图形的基本特征，并能进行分类。 3. 能使用上下、前后、里外、中间、旁边等方位词描述物体的位置和运动方向。	1. 能用常见的几何形体有创意地拼搭和画出物体的造型。 2. 能按语言指示或根据简单示意图正确取放物品。 3. 能辨别自己的左右。

2. 教育建议

（1）用多种方法帮助幼儿在物体与几何形体之间建立联系。

（2）丰富幼儿空间方位识别的经验，引导幼儿运用空间方位经验解决问题。

案例分析

午饭过后，是每个孩子畅所欲言的时候。

大宝神秘地对熙熙说："我要给你看样好东西。"说着从口袋里掏出一张有点褶皱的电影票。

"是吗？让我看看。"熙熙饶有兴趣地拿过大宝手里的电影票。

"哇，上面好多数字啊！"旁边的小朋友听见了，立刻围了过去。"让我看看。让我看看。"

我走过去，话锋一转："是啊，小小的电影票，其中的数字学问可大啦！我们一起来找找，看有什么发现。"

大宝的反应最快："看电影那天，妈妈教我找座位，要对号入座。瞧，电影票上的几排几座就是代表你的座位号。8排13号，先找排数8，再找号数13。"

旁边的小朋友点头赞同。

睿睿紧接着说："我发现电影票上面写着2013年5月9日17：00，这是代表放电影的具体时间。"

"不是吧，时间在下面，瞧，下面的16：41：40，那个才是。"彤彤指着电影票的左下角振振有词。"这个不是！"

"不对,我找的才是!"两个孩子争论起来,都坚持自己的答案。我拿起电影仔细端详了一番,发现右上角的数字比较大,左下角的数字较小,"你们看的两个数字都是表示时间的,它们有什么不同吗?"

"一个大一个小。"不知道谁插了一句。"右上角的数字旁边还特意写了两个字:时间。"

"你们看得真仔细,对了,同样是时间,右上角的是电影播放时间,而左上角的是你买电影票的时间。"

"哦,原来是这样,电影票上的数字真神奇!"孩子们恍然大悟。

如果你认为这时候孩子对电影票的探究结束了,那你就错了,他们正睁大眼睛,不放过任何有关数字的信息。

"你们看,上面还有数字35,可是它代表什么呢?"捷克好奇地问。

"我知道,这是代表35号厅。"

"好像不是吧,电影院可没有那么多放映厅。"

"那就是35集喽。"捷克话音刚落,就引来哄堂大笑。

"电影就一集,哪儿会有35集,又不是《喜羊羊与灰太狼》!"熙熙的一句话,大家都觉得有道理。

"不是集数也不是放映厅号,那会是什么呢?"我紧接着追问。

孩子们立刻变得安静起来。

"这是票价。"彤彤说。

就这样你一言我一语,电影票中蕴涵的数字奥秘被解开了,孩子们的脸上洋溢着快乐和骄傲![①]

可以发现,孩子们能够初步感知生活中数学的有用和有趣:能发现生活中许多问题都可以用数学的方法来解决,体验解决问题的乐趣。

孩子们可以感知和理解数、量及数量关系:能通过实际操作理解数与数之间的关系。

案例中,教师能够鼓励和支持幼儿发现、尝试解决日常生活中需要用到数学的问题,体会数学的用处。

技能训练

虫妈妈生宝宝[②]

观察日期:2018 年 4 月 3 日至 5 月 26 日

观察时间:每天随机观察

---

① 管旅华.3—6岁儿童学习与发展指南案例式解读[M].上海:华东师范大学出版社,2013:182.

② 此案例来源于蓝天空军幼儿园。

被观察者:中班自然角区域幼儿

观察地点:教室走廊

观 察 者:张敏

观察背景:有一天,洋洋给我班小朋友带来了几条热带鱼。之后,孩子们每天早上都去给热带鱼喂食并观察它们(见图7-36、图7-37、图7-38)。

图 7-36

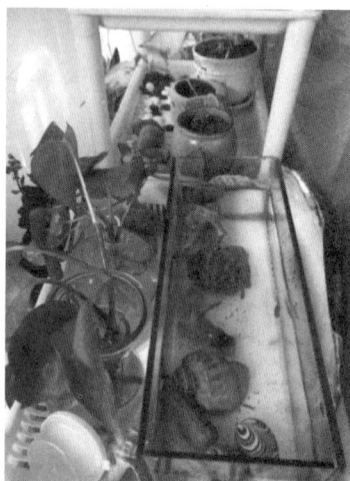

图 7-37

图 7-38

镜头一 照顾有宝宝的鱼妈妈

过了一段时间小朋友发现热带鱼的肚子胖了(见图7-39)。赫赫便说:"小鱼胖了,不能喂它太多,它要减肥,从今天开始我们就少喂它点鱼食。"过了两三天,孩子们发现热带鱼的肚子又变大了。"咦?为什么我们减少了喂食,怎么小鱼的肚子更大了?"孩子们跑来向我寻求答案:"老师,小鱼是不是生病了? 是不是没有拉大便啊?"(我鼓励孩子们自己搜集相关的资料,再进行分享。后来发现,原来鱼儿怀了鱼宝宝)

图 7 - 39

小朋友们第一次见到怀孕的小鱼,都显得很兴奋,更加细心地照顾它(见图7 - 40)。

图 7 - 40

镜头二 鱼宝宝出生啦

某一天早上,孩子们在给鱼妈妈喂食的时候发现,鱼的肚子变小了,在水草中有了一些星星点点的黑色东西,孩子们仔细一看,是小鱼啊! 数了数,大概有一二十只(见图7 - 41)。

镜头三 给鱼宝宝分家

第二天,孩子们很兴奋地继续给鱼宝宝们喂食,发现鱼宝宝少了,便问老师:"为什么鱼宝宝变少了呢? 鱼宝宝去哪里了?"带着问题我们上网查询了相关资料,原来是鱼妈妈吃掉了鱼宝宝。于是,孩子们赶快请老师把鱼妈妈和鱼宝宝分开,不能让鱼妈妈再吃宝宝了。

训练要求:请从这篇观察记录中分析幼儿科

图 7 - 41

学领域的学习与发展,并写出自己的教育思考。

知海拾贝

数学学习中常见的误区(节选)

华东师范大学 周 欣

幼儿数学学习中一个很容易出现的误区就是认为幼儿可以通过语言的模仿和记忆来理解数或数量关系。如,幼儿会数到100,有的成人就误以为幼儿已经理解这些数的意义,但事实上口头的模仿和记忆较容易,对这些数以及数量关系的真正理解和熟练运用要等到进入小学以后。如,教师在教学中经常强调幼儿要重复老师说的7比6多1的话语,认为只要幼儿会说这句话,他们就能理解7与6两个数之间的关系,但事实上会说仅仅是语言的模仿,并不能真正理解概念之间的关系。幼儿首先需要理解6和7的基数概念的含义,然后需要在对实物的反复操作、对比和反思的情况下才能逐步理解和建构这两个数之间的多和少的关系。

另一个较大的误区即学习数学就是做加减运算的习题练习。一提到数学学习,有些成人只想到让孩子坐下来做数学加减运算的题目,包括口头和书面题,有的甚至一味提高难度,或提高运算速度的要求。在上小学前适当接触加减运算是可行和必要的,但一般是实物水平(包括运用手指)进行的加减运算或简单的心算,且最好结合日常生活活动进行;其次要根据幼儿的具体情况,如果幼儿已经熟练地掌握了基数概念,并对加减运算表现出兴趣,可以引导他们关注周围生活的涉及加减运算的真实数学问题,但不宜太多。另外,幼儿早期数学的学习和发展的内涵很丰富,除了其他的形状、空间、分类、排序、模式等数学内容,还可以注意培养幼儿数学学习的广泛兴趣、数学语言的表达和表征能力、数学思维的敏捷和灵活性、运用数学解决问题的能力等。机械的加减运算题的练习不仅不能有助于幼儿对数学知识、概念的理解和数学认知能力的发展,反而很容易导致幼儿对数学产生厌倦和惧怕,失去自信心。

第六节 艺术领域的行为分析与指导

情境导入

毕加索曾经说过:每个孩子都是天生的艺术家。作为父母,我们该如何保护孩子与生俱来的艺术潜能?很多父母都会疑惑:我不懂艺术,该如何对孩子进行艺术启蒙?

一、感受与欣赏

（一）喜欢自然界与生活中美的事物

1. 合理期待

3～4 岁	4～5 岁	5～6 岁
1. 喜欢观看花草树木、日月星空等大自然中美的事物。 2. 容易被自然界中的鸟鸣、风声、雨声等好听的声音所吸引。	1. 在欣赏自然界和生活环境中美的事物时，关注其色彩、形态等特征。 2. 喜欢倾听各种好听的声音，感知声音的高低、长短、强弱等变化。	1. 乐于收集美的物品或向别人介绍所发现的美的事物。 2. 乐于模仿自然界和生活环境中有特点的声音，并产生相应的联想。

2. 教育建议

（1）和幼儿一起感受、发现和欣赏自然环境和人文景观中美的事物。

（2）和幼儿一起发现美的事物的特征，感受和欣赏美。

（二）喜欢欣赏多种多样的艺术形式和作品

1. 合理期待

3～4 岁	4～5 岁	5～6 岁
1. 喜欢听音乐或观看舞蹈、戏剧等表演等。 2. 乐于观看绘画、泥塑或其他艺术形式的作品。	1. 能够专心地观看自己喜欢的文艺演出或艺术品，有模仿和参与的愿望。 2. 欣赏艺术作品时会产生相应的联想和情绪反应。	1. 艺术欣赏时常常用表情、动作、语言等方式表达自己的理解。 2. 愿意和别人分享、交流自己喜爱的艺术作品和美感体验。

2. 教育建议

（1）创造条件让幼儿接触多种艺术形式和作品。

（2）尊重幼儿的兴趣和独特感受，理解他们欣赏时的行为。

案例分析

去种植园地的路上，我们经过了小花坛，只见花坛里摆着色彩缤纷、形态各异的菊花。孩子们欢呼起来。

"这些美丽的花都是菊花吗？好美呀。"

"除了我们刚才看到的黄色、淡紫色，菊花还有什么漂亮的颜色？"我问。

"还有白色、红色的菊花。"小词说。

"还有紫色、深红色的菊花。"姗姗补充说。

"老师,这朵菊花中间是金黄色的,外面是深红的,好漂亮啊。"细心的冉冉说。

"你最喜欢哪朵菊花,说说它长什么样。"

"我最喜欢白色的菊花,花瓣细细的,像萝卜丝。"

"我最喜欢这朵大花,像一个紫色的大球。"珊珊边说边亲了亲那朵大菊花。

"我最喜欢这朵花,花瓣都是这样卷起来的。"铭铭边说边用双手做着卷起来的动作……

孩子们的心中都有一朵自己觉得最美的菊花。①

从这篇观察记录中可以发现,孩子们喜欢自然界与生活中美的事物:在欣赏自然界和生活环境中美的事物时,关注其色彩、形态等特征;乐于收集美的物品或向别人介绍所发现的美的事物;乐于模仿自然界和生活环境中有特点的事物,并产生相应的联想。

老师能够和幼儿一起感受、发现和欣赏自然环境和人文景观中美的事物,和幼儿一起发现美的事物的特征,感受和欣赏美。

二、表现与创造

(一)喜欢进行艺术活动并大胆表现

1. 合理期待

3～4岁	4～5岁	5～6岁
1. 经常自哼自唱或模仿有趣的动作、表情和声调。 2. 经常涂涂画画、粘粘贴贴并乐在其中。	1. 经常唱唱跳跳,愿意参加歌唱、律动、舞蹈、表演等活动。 2. 经常用绘画、捏泥、手工制作等多种方式表现自己的所见所想。	1. 积极参与艺术活动,有自己比较喜欢的活动形式。 2. 能用多种工具、材料或不同的表现手法表达自己的感受和想象。 3. 艺术活动中能与他人相互配合,也能独立表现。

2. 教育建议

(1)创造机会和条件,支持幼儿自发的艺术表现和创造。

(2)营造安全的心理氛围,让幼儿敢于并乐于表达表现。

---

① 管旅华.3—6岁儿童学习与发展指南案例式解读[M].上海:华东师范大学出版社,2013:206.

（二）具有初步的艺术表现与创造能力

1. 合理期待

3～4岁	4～5岁	5～6岁
1. 能模仿学唱短小歌曲。 2. 能跟随熟悉的音乐做身体动作。 3. 能用声音、动作、姿态模拟自然界的事物和生活情景。 4. 能用简单的线条和色彩大体画出自己想画的人或事物。	1. 能用自然的、音量适中的声音基本准确地歌唱。 2. 能通过即兴哼唱、即兴表演或给熟悉的歌曲编词来表达自己的心情。 3. 能用拍手、踏脚等身体动作或可敲击的物品敲打节拍和基本节奏。 4. 能运用绘画、手工制作等表现自己观察到或想象的事物。	1. 能用基本准确的节奏和音调唱歌。 2. 能用律动或简单的舞蹈动作表现自己的情绪或自然界的情景。 3. 能自编自演故事，并为表演选择和搭配简单的服饰、道具或布景。 4. 能用自己制作的美术作品布置环境、美化生活。

2. 教育建议

（1）尊重幼儿自发的表现和创造，并给予适当的指导。

（2）鼓励幼儿在生活中细心观察、体验，为艺术活动积累经验与素材。如，观察不同树种的形态、色彩等。

（3）提供丰富的材料，如图书、照片、绘画或音乐作品等，让幼儿自主选择，用自己喜欢的方式去模仿或创作，成人不做过多要求。

（4）根据幼儿的生活经验，与幼儿共同确定艺术表达表现的主题，引导幼儿围绕主题开展想象，进行艺术表现。

（5）幼儿绘画时，不宜提供范画，特别不应要求幼儿完全按照范画来画。

（6）肯定幼儿作品的优点，用表达自己感受的方式引导其提高，如，"你的画用了这么多红颜色，感觉就像过年一样喜庆""你扮演的大灰狼声音真像，要是表情再凶一点就更好了"等。

案例分析

一个5岁半的男孩，画了一只帆船，船上画了一个和风帆一般高的人，又想到人在捕鱼，画了一个像篮子那样的网，想到水里要画鱼，鱼里有他喜欢的小金鱼，天上的太阳不可少，还要画小鸟，鸟中有一只孔雀。他画的时候速度快，线条奔放自由，色彩随意，造型稚拙天真，而"真"正是儿童画美的价值所在。我想这是一张好画，但是我又去照顾别的孩子的画，再回过头来看时，吃惊地发现这张画已面目全非，纵横交错的线条画满了纸面，画全给破坏了。我问他为什么时，他回答说："渔船碰到了海盗，他们打起来了，这些道道是枪炮的弹道。"他很满足，并不觉得这张画被破坏了。

在这篇记录中可以发现，小男孩喜欢进行艺术活动并大胆表现：能用多种工具、材料或不同的表现手法表达自己的感受和想象。

小男孩具有初步的艺术表现与创造能力:能运用绘画、手工制作等表现自己观察到或想象的事物。

老师能够尊重幼儿自发的表现和创造,并没有横加干涉。

技能训练

1. 案例分析

如果单从成人的思维来看,图7-42这幅作品就是一个女孩在草地上玩的情境。但这只是我的猜想,不一定是孩子的想法,于是激发了我想去与孩子对话,我们的对话如下:

图7-42

师:"你变出了什么?"

幼:"我变出了一个小女孩,她有两个辫子。她衣服上还有一个怪兽,还有爱心。"

师:"她怎么了?"

幼:"她身上好痒好痒,她的手抓不到就生气了。她有五个手指头,像我们一样。"

师:"她在干什么啊?"

幼:"她在草地上找五颜六色的小花。"

师:"你还变出了什么?"

幼:"我画出了一个太阳,大太阳的光芒在外面。"

这番对话验证了我之前的猜测,但孩子的想法更为丰满,甚至还赋予了情绪与情感。通过对话能更了解孩子、理解孩子。①

训练要求:请从这篇记录中分析幼儿艺术领域的学习与发展,并写出自己的教育思考。

---

① 徐志国.学前儿童行为观察与解读[M].南京:南京师范大学出版社,2017:102.

为什么不可以用范画？

华东师范大学 李季湄

此前谈到的是关于指南的应用，在内容的理解上老师们也存在很多问题。比如，以艺术为例，首当其冲的问题就是："指南艺术领域指出，幼儿绘画时，不适宜提供范画特别不应要求幼儿完全按照范画来画，对此我们感到十分困惑，范画不是历来作为培养幼儿美术能力的手段吗？"

首先，李老师说，教师提供的范画，是将线条、形状从事实形象中抽象出来，为幼儿模仿用的一种概念化符号化的模式，是一种画法的示范。指南不倡导让所有幼儿都按范画以千篇一律的方式画一模一样的画。即使老师提供多幅范画，让幼儿选择一幅来照着画，那也是一种被动模仿，这违背了作为自我表现的艺术的本质，忽视了美术是幼儿表达自己的一种语言。在幼儿被动模仿的作品里，全然没有自己思想和情感的投注。"指南反对的是对范画的被动模仿，是照着范画进行复制，但并不反对幼儿的模仿学习。但强调的是自发模仿，而非被动模仿。强调的是个体从自己的需要出发进行的主动模仿，而不是集体统一的被动模仿。自发模仿，主动模仿的是幼儿自己的感知对象，幼儿通过模仿再现的是对这个对象的感知印象。同一个对象不同的幼儿去模仿，因为认知不同，感受不同，影响和兴趣不同，模仿出来的作品并不会一模一样。"

这解释显然还不能让一直使用范画的老师彻底转变。老师们认为，范画目的是教会幼儿一种美术语言，当幼儿掌握了这种语言，才能够通过绘画进行表现和表达。对此，李老师表示，幼儿的美术语言不是被范画教会的，而是在表现表达的过程中自然习得的，这一过程需要有大量自发表现的机会。强调幼儿的自发模仿，并不是不能进行集体性的模仿学习。如集体写生活动就是一种很好的集体模仿学习，因为幼儿在感知真实的基础上用自己的方式去再现。但是我们要清楚，提供作品、实物和提供简笔模式画；让幼儿自发模仿和以统一的要求让幼儿被动模仿；画自己感知的对象和画没有任何体验的对象是完全不同的。幼儿美术活动中教师所提供的范画，传递给幼儿的是鱼，不是渔。

如此一来，技能就真的不需要了吗？技能在《指南》中却是很少被提及。对于老师们的这一困惑，李老师说，其实就艺术领域而言，艺术是一种表现性的活动，表现的是自己对事物的理解和感受，没有感受就没有表现。表现能力与技能有关，但不是因果关系。艺术的技能不是不重要，而是在幼儿阶段不那么重要。发现美，感受美，欣赏美，从艺术的审美功能出发，这是《指南》希望老师能做到的。只要教师不那么在乎幼儿画得好不好，像不像，对不对，而在乎幼儿表现的内容反映了幼儿怎样的感受，认知，想象和创造，那么原先集体教学在丢掉拐杖（范画演示法）后，就会发生很大变化。"艺术领域的集体教学活动，一定要以幼儿的感知经验为前提，即对事物的感知在先，对事物的艺术表达在后。"

儿童行为视频

视频观察

观察要求:请从《3—6岁儿童学习与发展指南》视角对视频中的儿童行为进行分析。

要点提示:

学习品质:视频中的儿童行为体现出他具有好奇心、积极主动、认真专注、不怕困难、敢于探究和尝试的良好学习品质。

领域的学习和发展:

健康领域:整个过程中,儿童"情绪安定愉快",在先后推滚筒、搬滚筒、走滚筒、跨跳滚筒等一系列娴熟动作中,反映出儿童"具有一定的平衡能力,动作协调、灵敏"且"具有一定的力量和耐力",在身体的不断调整过程中,体现出"具备基本的安全知识和自我保护能力"等。

社会领域:视频中的儿童试图将直径小的滚筒塞进直径大的滚筒,发现自身力量不够时,主动请同伴帮忙,在同伴帮助下成功嵌入后,开心地说"我们成功了"。当同伴爬滚筒不稳时,及时给予帮扶,当同伴提出建议时,能够听取同伴意见,且两人能手牵手一起在滚筒上协调向前走,可见,该儿童"愿意与人交往"且"能与同伴友好相处",并"具有自尊、自信、自主的表现"。

科学领域:视频中的儿童将直径小的滚动塞进直径大的滚筒行为,表现出其"喜欢探究"且"具有初步的探究能力",并获得"对量和空间关系"的初步感知等。

参考文献

[1] 黄意舒著:《儿童行为观察法与省思》,心理出版社,2008 年 4 月。

[2] 张同道主编,李跃儿解读:《小人国的秘密》,京华出版社,2010 年 5 月。

[3] 王振宇著:《学前儿童发展心理学》,人民教育出版社,2004 年 10 月。

[4] (英)沙曼等著,单敏月、王晓平译:《观察儿童:实践操作指南(第三版)》,华东师范大学出版社,2008 年。

[5] 邱学青:《学前儿童游戏》,江苏教育出版社,2008 年 12 月。

[6] (美)R. 默里·托马斯著,郭本禹、王云强等译:《儿童发展的理论:比较的视角(第六版)》,上海教育出版社,2009 年 12 月。

[7] (美)劳拉. E. 贝克著,桑标等译:《婴儿、儿童和青少年(第 5 版)》,上海人民出版社,2008 年 11 月。

[8] 李晓巍著:《幼儿行为观察与案例》,华东师范大学出版社,2017 年 7 月。

[9] 施燕,章丽著:《幼儿行为观察与记录》,华东师范大学出版社,2015 年 8 月。

[10] Carole Sharman Wendy Cross DianaVennis 编著,单敏月、王晓平翻译:《观察儿童——实践操作指南(第 3 版)》,华东师范大学出版社,2008 年 8 月。

[11] 沃伦·R·本特森著,于开莲、王银玲译:《观察儿童——儿童行为观察记录指南》,人民教育出版社,2009 年 6 月。

[12] 王烨芳著:《学前儿童行为观察与分析》,江苏教育出版社,2012 年 3 月。

[13] 韩映红著:《婴幼儿行为观察与分析》,上海科技教育出版社,2017 年 9 月。

[14] 沈雪梅著:《关爱与方法:幼儿行为观察案例分析》,复旦大学出版社,2018 年 2 月。

[15] 施燕,韩春红编著:《学前儿童行为观察》,华东师范大学出版社,2011 年月 2 月。

[16] 侯素雯,林建华主编:《幼儿行为观察与指导这样做》,华东师范大学出版社,2014 年 9 月。

[17] 魏勇刚主编:《学前儿童发展心理学》,教育科学出版社,2012 年 7 月。

[18] 陈帼眉,冯晓霞,庞丽娟著:《学前儿童发展心理学》,北京师范大学出版社,2013 年 9 月。

[19] 罗屹峰,刘燕华编著:《教育心理学》,甘肃人民出版社,2006 年 4 月。

[20] 张大均主编:《教育心理学》,人民教育出版社,2015 年 7 月。